医用仪器软件设计
——基于 PyQt5

主 编 汪天富 付 玲

副主编 董 磊 朱守平

电子工业出版社
Publishing House of Electronics Industry
北京·BEIJING

内 容 简 介

　　PyQt5 是一个功能强大的 Python 库，用于创建图形用户界面（GUI）应用程序。Qt 是一种跨平台的 C++ 应用程序开发框架，具有广泛的应用范围。PyQt5 是 Qt 框架的 Python 绑定，它将 Qt 的强大功能与 Python 的简洁语法相结合并提供丰富的工具和组件，使开发人员能以一种简单、高效的方式构建交互式、可视化和响应式的应用程序。

　　本书基于 PyCharm 平台，介绍医用电子技术领域的典型应用开发。全书共 14 章：第 1 章介绍 PyQt5 开发环境；第 2 章介绍 Python 语言基础；第 3 章介绍 PyQt5 程序设计；第 4～14 章通过 11 个具体实验介绍医用仪器软件设计的核心内容。

　　本书配有丰富的资料包，包括 PyQt5 例程、软件包、硬件套件，以及配套的 PPT、视频等。这些资料会持续更新，下载链接可通过微信公众号"卓越工程师培养系列"获取。

　　本书既可以作为高等院校相关课程的教材，也可作为 PyQt5 开发及相关行业工程技术人员的参考书。

图书在版编目（CIP）数据

医用仪器软件设计：基于 PyQt5 / 汪天富，付玲主编. —北京：电子工业出版社，2024.5
ISBN 978-7-121-47567-2

Ⅰ. ①医…　Ⅱ. ①汪…　②付…　Ⅲ. ①医疗器械－软件设计－高等学校－教材　Ⅳ. ①TH77

中国国家版本馆 CIP 数据核字（2024）第 061556 号

责任编辑：张小乐　　　特约编辑：张燕虹
印　　　刷：北京宝隆世纪印刷有限公司
装　　　订：北京宝隆世纪印刷有限公司
出版发行：电子工业出版社
　　　　　北京市海淀区万寿路 173 信箱　邮编　100036
开　　本：787×1 092　1/16　印张：13　字数：332 千字
版　　次：2024 年 5 月第 1 版
印　　次：2024 年 5 月第 1 次印刷
定　　价：65.00 元

前　言

PyQt5 基于 Python 语言，是 Qt 框架在 Python 中的一个封装库。Qt 是一个跨平台的应用程序和用户界面框架，可以用于创建各种类型的应用程序。PyQt5 提供了丰富的类和方法，可以让开发者在 Python 中使用 Qt 框架的功能，从而创建各种类型的 GUI（Graphical User Interface，图形用户界面）应用程序，包括桌面应用程序、游戏、多媒体应用程序等。

使用 PyQt5，可以快速方便地创建具有丰富交互性的 GUI 应用程序，例如创建一个简单的窗口或创建一个复杂的图形化工具。PyQt5 支持多种样式和主题，可以让应用程序的界面看起来更加美观。另外，PyQt5 还支持 QtDesigner 可视化界面设计工具，让开发者可以通过拖曳的方式快速设计出美观的用户界面。

"耳闻之不如目见之，目见之不如足践之，足践之不如手辨之。"实践决定认识，实践是认识的源泉和动力，也是认识的目的和归宿。如果缺乏勇于实践的精神，没有经过大量的实践，就很难对某个问题进行深入剖析和思考，当然，也就谈不上真才实学，毕竟"实践，是个伟大的揭发者，它暴露一切欺人和自欺"。在科学技术日新月异的今天，卓越工程师的培养必须配以高强度的实训。

这是一本介绍 PyQt5 开发设计的书，从严格意义上讲也是一本实训手册。本书以 PyCharm 作为平台。全书共 14 章：第 1 章介绍 PyQt5 开发环境；第 2 章介绍 Python 语言基础；第 3 章介绍 PyQt5 程序设计；第 4～14 章通过 11 个具体实验介绍医用仪器软件设计的核心内容。所有实验均包含实验内容、实验原理，并且都有详细的步骤和源代码，以确保读者能够顺利完成实验。每章最后的"本章任务"作为该章内容的延伸和拓展，"本章习题"用于检查读者是否掌握了本章的核心知识点。

本书的特点如下：

（1）本书内容条理清晰，首先引导读者学习 PyQt5 开发使用的 Python 语言，然后结合实验对 PyQt5 的基础知识展开介绍，最后通过进阶实验使读者的水平进一步提高。这样可以让读者循序渐进地学习 PyQt5 的知识，即使是未接触过程序设计的初学者也可以快速上手。

（2）详细介绍每个实验所涉及的知识点，未涉及的内容尽量不予介绍，以便初学者快速掌握 PyQt5 开发设计的核心要点。

（3）所有实验严格按照统一的工程架构设计，每个子模块均按照统一的标准设计。

（4）配有丰富的资料包，包括 PyQt5 例程、软件包、硬件套件，以及配套的 PPT、视频等，这些资料会持续更新，下载链接可通过微信公众号"卓越工程师培养系列"获取。

汪天富和付玲为本书提供了编写思路，并指导全书的编写，对全书进行统稿；董磊和朱守平在教材编写、例程设计和文字校对中做了大量的工作。本书的例程由深圳市乐育科技有限公司开发，该公司还参与了本书的编写。电子工业出版社的张小乐编辑为本书的出版做了大量的工作。特别感谢深圳大学生物医学工程学院、海南大学生物医学工程学院/物理与光电工程学院、西安电子科技大学生命科学技术学院、深圳市乐育科技有限公司的大力支持。在此一并致以衷心的感谢！

由于编者水平有限，书中难免有不成熟和错误的地方，恳请读者批评指正。若读者要反馈发现的问题、索取相关资料或咨询实验平台技术问题，可发信至邮箱：ExcEngineer@163.com。

目　录

第 1 章　PyQt5 开发环境

1.1　PyQt5 开发环境介绍

1.1.1　Python 介绍

Python 具有简洁易读的语法，并且具有动态类型系统和自动内存管理、强大的标准库和第三方库、跨平台、面向对象编程、可扩展及活跃的社区支持等特点。这些特点使得 Python 成为一种广泛应用于各个领域的高级编程语言。

1.1.2　PyCharm 介绍

PyCharm 是为 Python 专门打造的一款 IDE（Integrated Development Environment，集成开发环境），其带有一整套可以帮助用户在使用 Python 开发时提高效率的工具，如调试、语法高亮、Project 管理、代码跳转、智能提示、自动完成、单元测试、版本控制等。在这些工具的支持下，PyCharm 成为 Python 专业开发人员和刚起步人员使用的首选 IDE。

1.1.3　PyQt5 介绍

PyQt5 是一个 Python 绑定 Qt 图形用户界面（Graphical User Interface，GUI）工具包的模块。PyQt5 提供许多类和方法，可以用于创建各种类型的 GUI 应用程序，包括桌面应用程序、游戏、多媒体应用程序等。

PyQt5 的特点如下。

（1）跨平台：可以在多种操作系统（包括 Windows、macOS、Linux 等）中运行。

（2）提供丰富的控件：PyQt5 提供很多可视化控件，如按钮、标签、文本框、下拉框、列表框、树形控件、表格控件等；用户还可以创建自定义控件。

（3）支持多种样式：PyQt5 支持多种样式，可以让 GUI 应用程序看起来更美观。

（4）支持 QtDesigner：QtDesigner 是 Qt 官方提供的可视化界面设计工具，PyQt5 可以使用 QtDesigner 进行可视化界面设计，并将设计好的 UI 文件转换为 Python 代码。

1.2　QtDesigner 介绍

在进行 PyQt5 软件开发时，界面设计需要使用外部软件 QtDesigner。QtDesigner 提供多种类型的控件，便于用户进行图形界面设计。在设计模式下，这些控件被分为 8 组：布局管理组、空间间隔组、按钮组、项目视图组、项目控件组、容器组、输入控件组和显示控件组。

下面简要介绍这些控件。

1.2.1 布局管理组

布局管理组（Layouts）控件列表如图 1-1 所示。布局管理组 4 个控件的含义如表 1-1 所示。

表 1-1 布局管理组 4 个控件的含义

控件	含义
Vertical Layout	垂直布局
Horizontal Layout	水平布局
Grid Layout	网格布局
Form Layout	表单布局

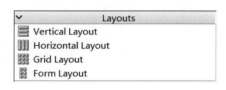

图 1-1 布局管理组控件列表

布局管理组 4 个控件的布局应用效果如图 1-2 所示。

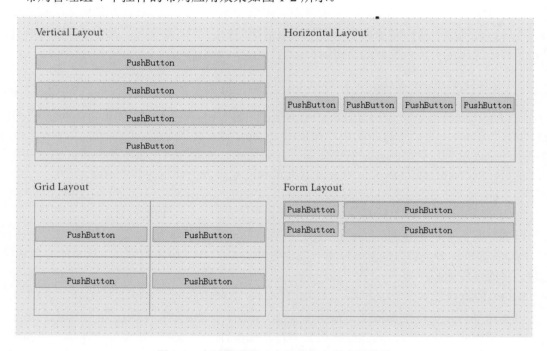

图 1-2 布局管理组 4 个控件的布局应用效果

1.2.2 空间间隔组

空间间隔组（Spacers）控件列表如图 1-3 所示。空间间隔组两个控件的含义如表 1-2 所示。

表 1-2 空间间隔组两个控件的含义

控件	含义
Horizontal Spacer	水平空间间隔
Vertical Spacer	垂直空间间隔

图 1-3 空间间隔组控件列表

空间间隔组两个控件的应用效果及与布局管理组类似控件的对比如图 1-4 所示。

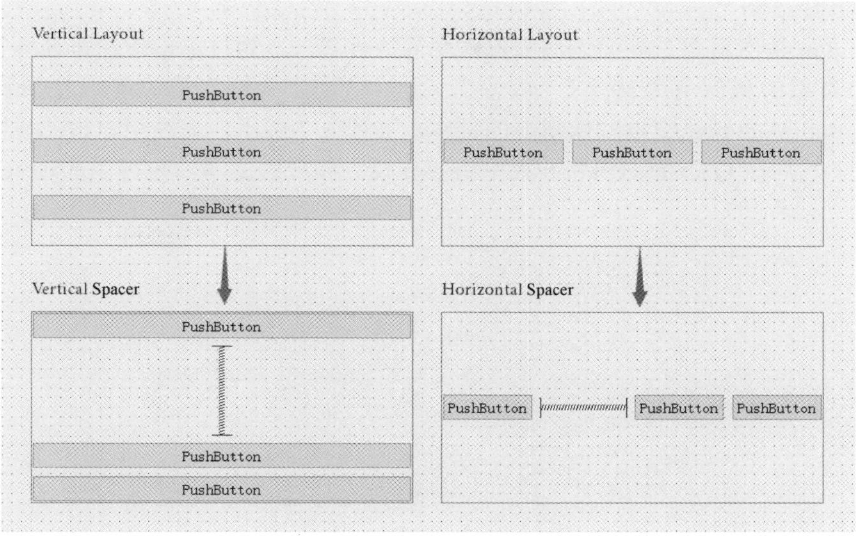

图 1-4　空间间隔组两个控件的应用效果及与布局管理组类似控件的对比

1.2.3　按钮组

按钮组（Buttons）控件列表如图 1-5 所示。按钮组 6 个控件的含义如表 1-3 所示。

表 1-3　按钮组 6 个控件的含义

图 1-5　按钮组控件列表

控件	含义
Push Button	按钮
Tool Button	工具按钮
Radio Button	单选按钮
Check Box	复选框
Command Link Button	命令链接按钮
Dialog Button Box	对话框按钮盒

按钮组中常用的 3 个控件的应用效果如图 1-6 所示。

图 1-6　按钮组中常用的 3 个控件的应用效果

下面简要介绍 Push Button、Radio Button、Check Box 和 Tool Button 这 4 个控件。

1. Push Button

Push Button 是图形用户界面设计中最常用的控件之一，通过单击按钮可使计算机执行相应的操作，典型的按钮有"确定""取消""是""否""关闭"等。可以在按钮属性框的 QAbstractButton 栏的 text 中设置按钮上的文本，如图 1-7 所示，先在用户设计界面中单击待修改的按钮，然后在 QAbstractButton 栏中将 text 设为相应的文本。也可以通过 setText()方法修改文本。

图 1-7　设置按钮的文本

正如每个人都有自己的姓名一样，每个控件都有自己的名称。不同的是，人可以同名，但在同一个界面中，每个控件的名称必须是独一无二的。当将一个控件添加到用户设计界面中时，系统会根据当前界面中同种类型控件的数量为该控件分配一个带序列号的名称。为了便于后续在代码中使用该控件，建议根据控件的功能修改控件的名称，以增加控件的辨识度和代码的可读性。修改控件名称的方法如图 1-8 所示，在用户设计界面中单击待修改的控件，然后在控件属性框的 QObject 栏中，将 objectName 设为合适的控件名称。

图 1-8　修改控件名称

2. Radio Button

Radio Button 控件提供一个带有文本标签的单选按钮，可以打开（选中）或关闭（取消选中）。单选按钮通常提供多个选项供选择，在一组单选按钮中，同一时间只能有一个单选按钮处于选中状态，当选中其他按钮时，先前处于选中状态的按钮会被取消选中。每当按钮的选中状态改变时，都会触发 toggled()信号，可以通过 isChecked()方法查看是否选中了特定按钮。与 Push Button 一样，Radio Button 也可以通过 setText()方法修改文本。

3. Check Box

Check Box 控件提供一个带有文本标签的复选框，可以打开（选中）或关闭（取消选中）。当一组复选框提供多个选项时，同一时间可以有任意个复选框处于选中状态，且各个复选框之间相互独立，互不影响。每当一个复选框的选中状态改变时，会触发 stateChanged() 信号，可以通过 isChecked() 方法查看是否选中了特定复选框，也可以通过 setText() 方法修改文本。

4. Tool Button

Tool Button 控件常用在 QMainWindow 的工具栏 QToolBar 中，当使用 QToolBar:addAction() 方法添加 QAction 时，就会创建一个 Tool Button。

1.2.4　项目视图组

项目视图组（Item Views）控件列表如图 1-9 所示。项目视图组 5 个控件的含义如表 1-4 所示。

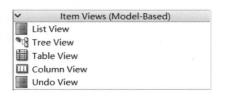

图 1-9　项目视图组控件列表

表 1-4　项目视图组 5 个控件的含义

控件	含义
List View,	清单视图
Tree View	树视图
Table View	表视图
Column View	列视图
Undo View	撤销视图

1.2.5　项目控件组

项目控件组（Item Widgets）控件列表如图 1-10 所示。项目控件组 3 个控件的含义如表 1-5 所示。

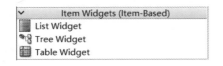

图 1-10　项目控件组控件列表

表 1-5　项目控件组 3 个控件的含义

控件	含义
List Widget	清单控件
Tree Widget	树形控件
Table Widget	表控件

1.2.6　容器组

容器组（Containers）控件列表如图 1-11 所示。容器组 10 个控件的含义如表 1-6 所示。

图 1-11　容器组控件列表

表 1-6　容器组 10 个控件的含义

控件	含义	控件	含义
Group Box	分组框	Frame	帧
Scroll Area	滚动区域	Widget	控件
Tool Box	工具箱	MDI Area	MDI 区域
Tab Widget	标签控件	Dock Widget	停靠窗体控件
Stacked Widget	堆叠控件	QAxWidget	封装 Flash 的 ActiveX 控件

下面简要介绍 Group Box。

Group Box 提供一个框架、一个标题和一个键盘快捷键，并且其中能够显示其他窗口控件。两个简单的 Group Box 应用效果如图 1-12 所示，在 Second Box 的属性设置框中勾选 checkable 选项给标题 Second Box 加上一个 Check Box，再勾选 checked 选项将 Second Box 设置为勾选状态。也可以通过 setCheckable() 和 setChecked() 方法进行同样的设置。

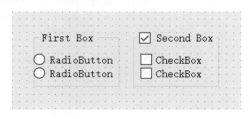

图 1-12　两个简单的 Group Box 应用效果

1.2.7　输入控件组

输入控件组（Input Widgets）控件列表如图 1-13 所示。输入控件组 16 个控件的含义如表 1-7 所示。

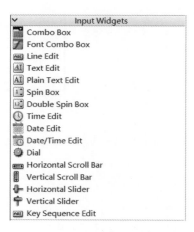

图 1-13　输入控件组控件列表

表 1-7　输入控件组 16 个控件的含义

控件	含义	控件	含义
Combo Box	组合框	Date Edit	日期编辑框
Font Combo Box	字体组合框	Date/Time Edit	日期/时间编辑框
Line Edit	行编辑框	Dial	拨号
Text Edit	文本编辑框	Horizontal Scroll Bar	横向滚动条
Plain Text Edit	纯文本编辑框	Vertical Scroll Bar	垂直滚动条
Spin Box	数字显示框（自旋盒）	Horizontal Slider	横向滑块
Double Spin Box	双自旋盒	Vertical Slider	垂直滑块
Time Edit	时间编辑框	Key Sequence Edit	按键序列编辑框

下面简要介绍 Combo Box、Line Edit 和 Plain Text Edit 这 3 个控件。

1. Combo Box

Combo Box 控件是一个带弹出列表的组合框，它可以占用最少的屏幕空间向用户展示项目列表。组合框的应用效果如图 1-14 所示。

将一个 Combo Box 控件添加到用户设计界面后，双击 Combo Box 控件，在弹出的如图 1-15 所示的“编辑组合框”对话框中，单击 ➕ 按钮新建项目，双击新建的项目修改项目内容，最后单击 OK 按钮保存并退出。当组合框中存在多个项目时，单击 ⬆ 按钮可提升当前所选项目的优先级，单击 ⬇ 按钮可降低优先级，单击 ➖ 按钮可删除所选项目。

图 1-14　组合框的应用效果　　　　　图 1-15　“编辑组合框”对话框

2. Line Edit

Line Edit 控件是一个行编辑框，允许用户输入和编辑一行纯文本，以及使用剪切、粘贴、撤销和重做等编辑功能。可以使用 setText()方法更改编辑框中的文本，使用 text()方法获取编辑框中的文本。

3. Plain Text Edit

Plain Text Edit 控件用于编辑和显示纯文本，它经过优化，可处理大型文档并快速响应用户输入。Plain Text Edit 中的文本以段落的形式存在，一个段落就是一个字符串，字符串会适应窗口的宽度调整每行显示的字符数。在默认情况下，阅读纯文本时，一个换行符表示一个段落。

可以使用 setPlainText()方法设置或替换文本，替换时会删除现有文本，并设置为传递给 setPlainText()方法的文本；使用 appendPlainText()方法在编辑框的末尾添加一个新的段落；使用 toPlainText()方法获取编辑框中的文本；使用 clear()方法清空编辑框。

1.2.8　显示控件组

显示控件组（Display Widgets）控件列表如图 1-16 所示。显示控件组 10 个控件的含义如表 1-8 所示。

表 1-8　显示控件组 10 个控件的含义

控件	含义
Label	标签
Text Browser	文本浏览器
Graphics View	图形视图
Calendar Widget	日历控件
LCD Number	液晶数字
Progress Bar	进度条
Horizontal Line	水平线
Vertical Line	垂直线
OpenGL Widget	开放式图形工具
QQuickWidget	嵌入 QML 工具

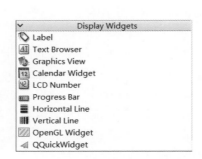

图 1-16　显示控件组控件列表

下面简要介绍 Label、Text Browser、Progress Bar 这 3 个控件。

1. Label

Label 控件用于显示文本或图像，不提供用户交互功能。可以使用 setStyleSheet()方法来设置图形界面的外观；使用 setMinimumSize()方法来设置控件的最小尺寸；使用 setFond()方法来设置字体；使用 setText()方法来设置标签的文本；使用 setPixmap()方法来设置标签的像素图；使用 setAlignment()方法来设置标签中文本的对齐方式，默认左对齐和垂直居中。

2. Text Browser

Text Browser 控件提供了一个带有超文本导航的富文本浏览器，用户只能浏览而不能编辑。可以使用 append()方法向浏览器添加文本；可以使用 clear()方法来清空浏览器。

3. Progress Bar

Progress Bar 控件提供一个水平或垂直进度条，进度条用于向用户指示操作的进度，且表明程序仍在运行。进度条的进度显示依据于百分比：先设定进度条的最小值和最大值，在程序运行过程中，获取当前值，并计算当前值与最小值之差，再除以最大值与最小值之差，得到的百分比为当前进度。可以使用 setRange()方法来同时设定最小值和最大值，也可以分别使用 setMinimum()和 setMaximum()方法来设定最小值和最大值；使用 setValue()方法来设定当前值；使用 setVisible()方法来显示或隐藏进度条。

1.3　搭建 PyQt5 开发环境

1.3.1　安装 Python

双击运行本书配套资料包"02.相关软件"文件夹中的 python-3.8.2-amd64.exe，在弹出的如图 1-17 所示的对话框中，单击 Customize installation 选项。

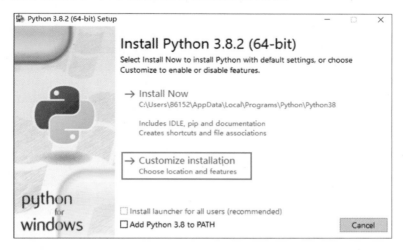

图 1-17　安装 Python 步骤 1

在弹出的如图 1-18 所示的对话框中，使用默认选项，单击 Next 按钮。

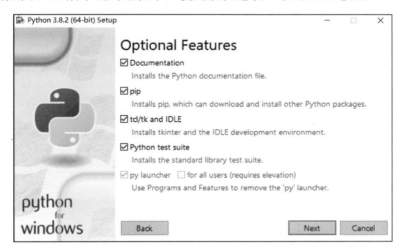

图 1-18　安装 Python 步骤 2

如图 1-19 所示，单击 Browse 按钮选择安装路径，本书安装在"D:\Python38"路径下，单击 Install 按钮开始安装。

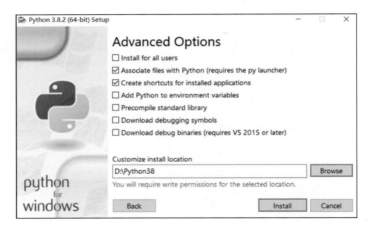

图 1-19　安装 Python 步骤 3

安装成功的界面如图 1-20 所示，单击 Close 按钮关闭对话框。

图 1-20　安装 Python 步骤 4

1.3.2　配置 Python 的环境变量

安装好 Python 后还需要配置相应的环境变量，才能使用 Python 相关的命令。右键单击桌面的"此电脑"图标（Windows 7 系统为"计算机"图标），选择"属性"选项，在如图 1-21 所示的界面中单击"高级系统设置"按钮。

图 1-21　配置 Python 的环境变量步骤 1

在如图 1-22 所示的"系统属性"对话框中，单击"高级"标签页中的"环境变量"按钮。

图 1-22　配置 Python 的环境变量步骤 2

在弹出的"环境变量"对话框中，双击"系统变量"下的 Path 变量，如图 1-23 所示。

图 1-23　配置 Python 的环境变量步骤 3

在弹出的"编辑环境变量"对话框中，单击"新建"按钮新建两个变量，变量值分别为"D:\Python38"和"D:\Python38\Scripts"，完成后单击"确定"按钮，如图 1-24 所示。

完成 Python 的安装和配置后，在"运行"窗口中输入 cmd 命令，然后单击"确定"按钮，如图 1-25 所示。

图 1-24　配置 Python 的环境变量步骤 4

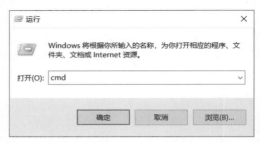

图 1-25　配置 Python 的环境变量步骤 5

在弹出的 DOS 命令提示符窗口中，输入"Python"命令后回车（按回车键），会出现 Python 的信息，说明已成功配置 Python 的环境变量，如图 1-26 所示。

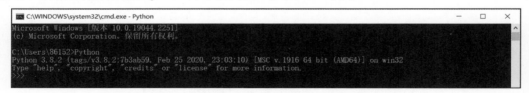

图 1-26　配置 Python 的环境变量步骤 6

1.3.3　安装 PyQt5 和相关依赖工具

配置好 Python 的环境变量后，基于 Python 安装 PyQt5。新打开一个 DOS 命令提示符窗口，输入"python -m pip install --upgrade pip"命令后回车，更新 pip 的版本，如图 1-27 所示。

图 1-27　更新 pip 的版本

更新完成后，输入"python -m pip install pyqt5 -i https://mirrors.aliyun.com/pypi/simple/"命令后回车，开始下载安装 PyQt5（"-i https://mirrors.aliyun.com/pypi/simple/"表示下载的是阿里云的镜像端，当然还有其他镜像端，可以搜索网络资源获取），执行命令后的结果如图 1-28 所示。

图 1-28　安装 PyQt5

输入"python -m pip install pyqt5-tools -i https://mirrors.aliyun.com/pypi/simple/"命令后回车，下载 PyQt5 的依赖工具，如图 1-29 所示。

图 1-29　下载 PyQt5 的依赖工具

最后输入"python -m pip install pyqt5designer -i https://mirrors.aliyun.com/pypi/simple/"命令后回车，下载 pyqt5designer 包，如图 1-30 所示。

图 1-30　下载 pyqt5designer 包

1.3.4　安装 PyCharm

双击运行本书配套资料包"02.相关软件"文件夹中的 pycharm-community-2022.1.exe，在如图 1-31 所示的对话框中，单击 Next 按钮。

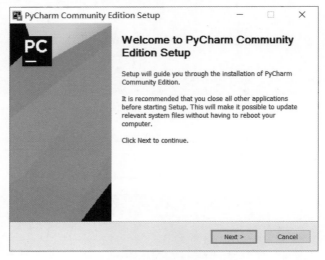

图 1-31　安装 PyCharm 步骤 1

然后设置安装路径，本书设置安装路径为"D:\PyCharm"，如图 1-32 所示，然后单击 Next 按钮。

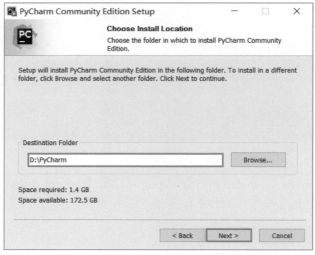

图 1-32　安装 PyCharm 步骤 2

勾选全部选项后，单击 Next 按钮，如图 1-33 所示。

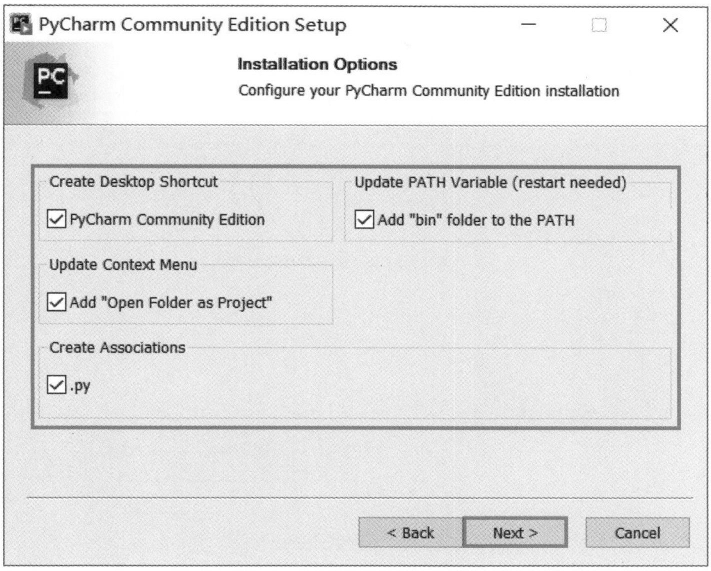

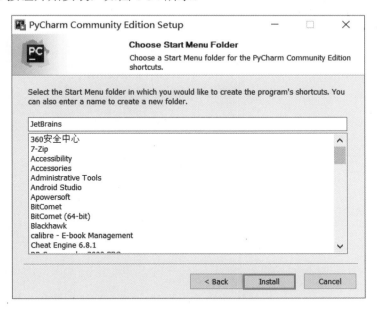

图 1-33　安装 PyCharm 步骤 3

单击 Install 按钮开始安装，如图 1-34 所示。

图 1-34　安装 PyCharm 步骤 4

最后单击 Finish 按钮，完成安装，如图 1-35 所示。

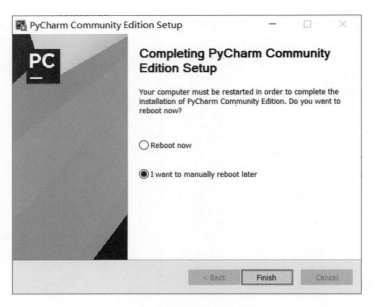

图 1-35　安装 PyCharm 步骤 5

1.3.5　配置 PyCharm

双击运行 PyCharm，在如图 1-36 所示对话框中，勾选同意条款，然后单击 Continue 按钮。单击 Don't Send 按钮，如图 1-37 所示。

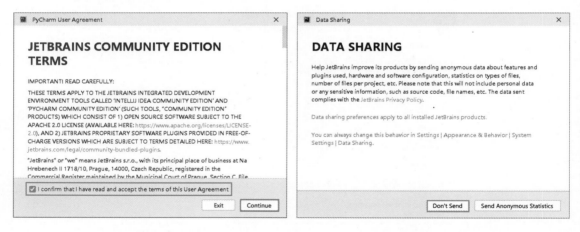

图 1-36　配置 PyCharm 步骤 1　　　　　　　　图 1-37　配置 PyCharm 步骤 2

　　软件语言默认为英文，可以安装插件修改为简体中文。在主界面单击 Plugins 选项，在搜索框中搜索 Chinese，找到中文语言包插件，单击 Install 按钮进行安装，如图 1-38 所示。

图 1-38　配置 PyCharm 步骤 3

　　安装完中文语言包插件之后，重启 PyCharm，可以看到软件语言已经更改为中文，如图 1-39 所示。

图 1-39　配置 PyCharm 步骤 4

1.4 第一个 PyQt5 项目

1.4.1 新建项目

在 D 盘中新建一个 PyQt5Project 文件夹，后面所有工程都会保存到这个文件夹中。先在 PyQt5Project 文件夹中新建一个 HelloWorld 文件夹，然后在 PyCharm 界面中单击"新建项目"按钮，如图 1-40 所示。

图 1-40　新建项目

在弹出的"新建项目"对话框中，选择项目保存路径，选择"先前配置的解释器"选项，然后单击"解释器"框后的 ... 按钮配置解释器，如图 1-41 所示。

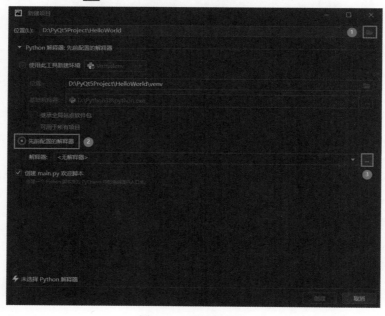

图 1-41　配置解释器

在弹出的"添加 Python 解释器"对话框中，选择"系统解释器"选项，然后选择 Python 的安装路径（本书为"D:\Python38\python.exe"），设置完成后单击"确定"按钮，如图 1-42 所示。

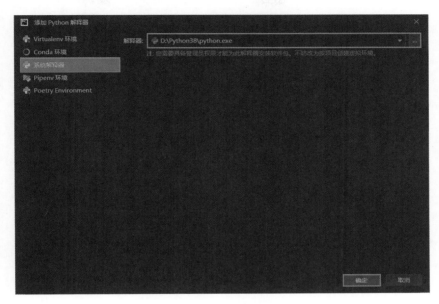

图 1-42　添加 Python 解释器

设置完成后可以在"新建项目"对话框中看到匹配的解释器，然后单击"创建"按钮开始创建项目，如图 1-43 所示。

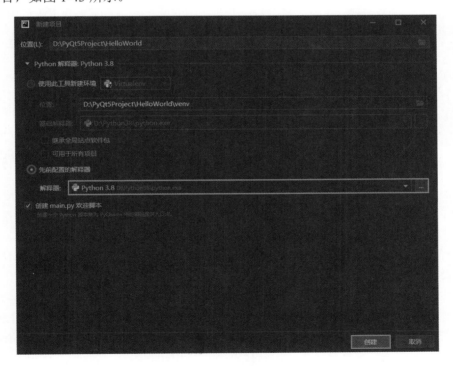

图 1-43　配置解释器成功

在新建好的项目中有一个默认的 main.py 文件，里面已经编写好了一个简单的输出代码，直接单击 ▶ 按钮编译运行，可以在界面下方看到输出信息，如图 1-44 所示。

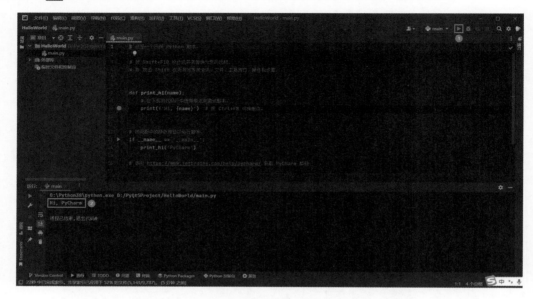

图 1-44　初始项目运行结果

1.4.2　配置界面工具

图 1-45　打开 PyCharm 的设置

目前，PyCharm 还不能直接进行界面设计，需要借用外部的界面工具，下面介绍界面工具的配置。在 PyCharm 界面中执行菜单栏命令"文件"→"设置"，如图 1-45 所示。

在"设置"对话框中，选择"工具"→"外部工具"选项，在右侧选项页中单击左上角的 ➕ 按钮创建外部工具。在弹出的"创建工具"对话框中，输入名称 QtDesigner；单击"程序"框后的 ▇ 按钮，添加 designer.exe 的路径（与 Python 的安装路径相关），本书的路径为"D:\Python38\Lib\site-packages\QtDesigner\designer.exe"；设置"工作目录"为"$ProjectFileDir$"，完成后单击"确定"按钮，如图 1-46 所示。

QtDesigner 工具主要用于界面设计，除此之外还需要添加一个 UI 界面文件的转换工具，通过这个工具可以将.ui 文件转换为 Python 可识别的.py 文件。单击 ➕ 按钮创建外部工具，在"创建工具"对话框中，输入名称 PyUIC；在"程序"框中添加 python.exe 的路径（与 Python 的安装路径相关），本书的路径为"D:\Python38\python.exe"；设置"实参"为"-m PyQt5.uic.pyuic $FileName$ -o $FileNameWithoutExtension$.py"；设置"工作目录"为"$FileDir$"，完成后单击"确定"按钮，如图 1-47 所示。

再添加一个将.qrc 资源文件转换为 Python 可识别的.py 文件的工具。单击 ➕ 按钮创建外部工具，在"创建工具"对话框中，输入名称 qrcTOPy；在"程序"框中添加 pyrcc5.exe 的路径（与 Python 的安装路径相关），本书的路径为"D:\Python38\Scripts\pyrcc5.exe"；设置"实参"为"$FileName$ -o $FileNameWithoutExtension$_rc.py";设置"工作目录"为"$FileDir$"，完成后单击"确定"按钮，如图 1-48 所示。完成界面工具的添加后，单击"确定"按钮关闭"设置"对话框。

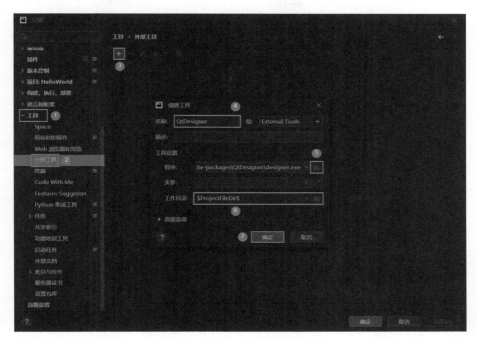

图 1-46　配置 QtDesigner 工具

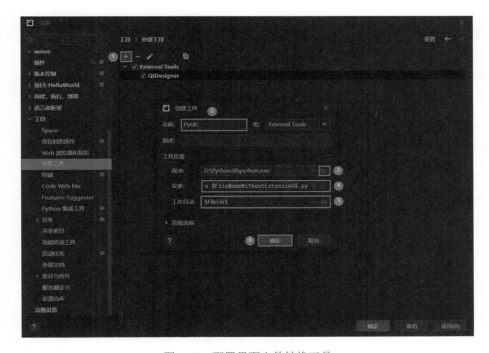

图 1-47　配置界面文件转换工具

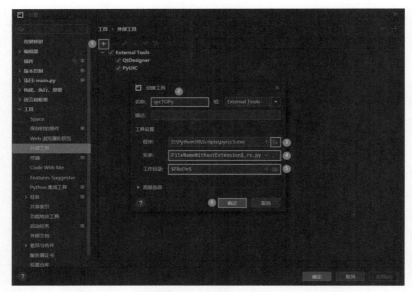

图 1-48　配置资源文件转换工具

图 1-49　开启 QtDesigner

下面创建一个界面文件。执行菜单栏命令"工具"→"External Tools"→"QtDesigner"，如图 1-49 所示。

在 QtDesigner 的"新建窗体"对话框中，选择 Main Window，然后单击"创建"按钮，如图 1-50 所示。

在窗体左边的控件栏中，用鼠标左键长按 Label 控件，然后将其拖入窗体中，双击窗体中的 Label 控件，修改文本为 HelloWorld，在"属性编辑器"中，单击 font 选项后面的 ... 按钮设置 HelloWorld 文本控件的字体属性，如图 1-51 所示。

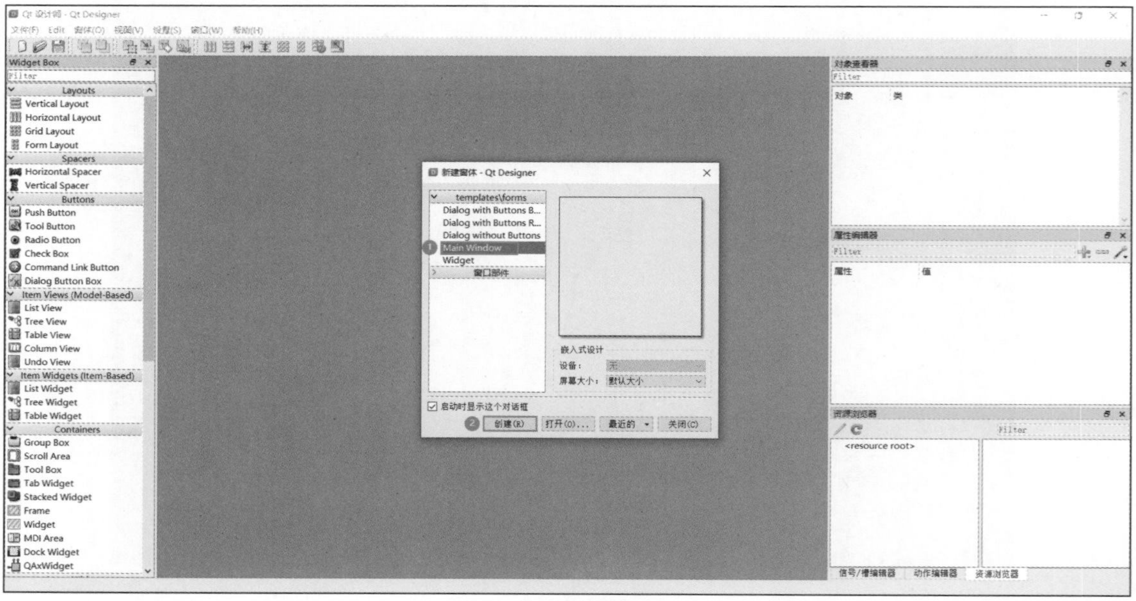

图 1-50　新建窗体

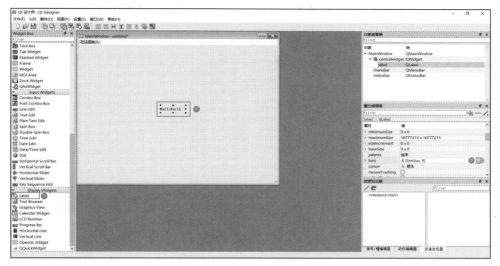

图 1-51　添加 Label 控件并设置字体属性

在弹出的"选择字体"对话框中，字体选择宋体，字体风格选择常规，大小选择 24，单击 OK 按钮，如图 1-52 所示。

图 1-52　选择字体

完成设置后适当调整文本框的大小，使所有文本正常显示，结果如图 1-53 所示。

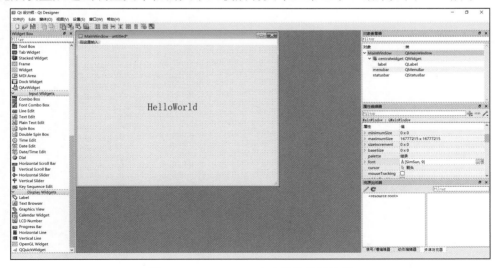

图 1-53　HelloWorld 文本最终显示结果

完成界面布局后，执行菜单栏命令"文件"→"保存"，如图 1-54 所示。

图 1-54　保存窗体文件

将文件命名为 helloworld.ui，保存到 HelloWorld 项目所在的路径下，如图 1-55 所示。

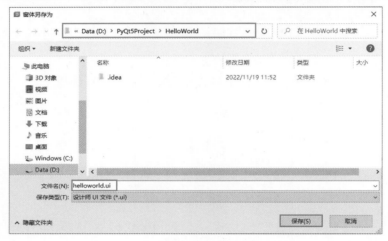

图 1-55　重命名.ui 文件并保存

回到 PyCharm，单击选中 helloworld.ui 文件，执行菜单栏命令"工具"→"External Tools" → "PyUIC"，如图 1-56 所示。

图 1-56　界面转换操作

可以在目录下看到生成的 helloworld.py 文件，如图 1-57 所示。

图 1-57　helloworld.py 文件

下面启动生成的 helloworld.py 界面，先删除 main.py 文件中的代码，然后输入如程序清单 1-1 所示的代码。

程序清单 1-1

```
1.   # 从本地导入所需要的界面类
2.   from PyQt5.QtWidgets import QApplication, QMainWindow
3.   import sys
4.
5.   # 从 helloworld.py 文件中导入 Ui_MainWindow 类
6.   from helloworld import Ui_MainWindow
7.
8.   if __name__ == '__main__':
9.       app = QApplication(sys.argv)          # 实例化一个应用对象，用于管理该应用程序的所有事件
10.      MainWindow = QMainWindow()            # 创建一个主窗口，包含所有的窗口控件
11.      ui = Ui_MainWindow()                  # 实例化一个 Ui_MainWindow 对象，包含窗口控件的布局和外观
12.      ui.setupUi(MainWindow)                # 初始化窗口
13.      MainWindow.show()                     # 显示窗口
14.      sys.exit(app.exec_())                 # 确保主循环安全退出
```

输入代码后，单击▶按钮运行程序，结果如图 1-58 所示。

图 1-58　helloworld.py 界面运行结果

1.4.3　发布程序

下面介绍如何发布程序，让在本机开发完成的程序也可以在其他计算机上运行。打开 DOS 命令提示符窗口，输入"python -m pip install pyinstaller"命令后回车，安装 pyinstaller 工具，如图 1-59 所示。

```
Microsoft Windows [版本 10.0.19045.2846]
(c) Microsoft Corporation。保留所有权利。

C:\Users\Admin>python -m pip install pyinstaller
Collecting pyinstaller
  Downloading pyinstaller-5.11.0-py3-none-win_amd64.whl (1.3 MB)
     ---------------------------------------- 1.3/1.3 MB 3.1 MB/s eta 0:00:00
Collecting pefile>=2022.5.30
  Downloading pefile-2023.2.7-py3-none-any.whl (71 kB)
     ---------------------------------------- 71.8/71.8 kB ? eta 0:00:00
Collecting pywin32-ctypes>=0.2.0
  Downloading pywin32_ctypes-0.2.0-py2.py3-none-any.whl (28 kB)
Collecting setuptools>=42.0.0
  Downloading setuptools-67.7.2-py3-none-any.whl (1.1 MB)
     ---------------------------------------- 1.1/1.1 MB 13.9 MB/s eta 0:00:00
Collecting pyinstaller-hooks-contrib>=2021.4
  Downloading pyinstaller_hooks-contrib-2023.3-py2.py3-none-any.whl (263 kB)
     ---------------------------------------- 263.6/263.6 kB 16.9 MB/s eta 0:00:00
Collecting altgraph
  Downloading altgraph-0.17.3-py2.py3-none-any.whl (21 kB)
Installing collected packages: pywin32-ctypes, altgraph, setuptools, pyinstaller-hooks-contrib, pefile, pyinstaller
  Attempting uninstall: setuptools
    Found existing installation: setuptools 41.2.0
    Uninstalling setuptools-41.2.0:
      Successfully uninstalled setuptools-41.2.0
Successfully installed altgraph-0.17.3 pefile-2023.2.7 pyinstaller-5.11.0 pyinstaller-hooks-contrib-2023.3 pywin32-ct
ypes-0.2.0 setuptools-67.7.2
```

图 1-59　安装 pyinstaller 工具

安装好 pyinstaller 工具之后，回到 PyCharm，单击"终端"按钮，在打开的终端中执行 "pyinstaller -F -w main.py"命令，main.py 为主程序名，根据主程序名不同而变更；-F（注意 大写）是指将所有库文件打包成可执行文件，在 Windows 下为.exe 文件；-w 指生成的.exe 文 件禁用控制台窗口。命令执行结束后可以在项目路径下看到新生成了两个文件夹，生成的.exe 文件位于 dist 文件夹中，如图 1-60 所示。

图 1-60　生成.exe 文件

本章任务

　　配置 PyQt5 开发环境，新建一个 Introduction 项目，在界面中展示个人姓名、性别、学号和兴趣等。

本章习题

1. 简述 PyQt5 开发环境相比于其他环境的优势。
2. PyQt5 主要依赖于哪个工具进行界面设计？
3. 如何将.ui 文件转换为 Python 可识别的.py 文件？
4. .qrc 文件通过什么方式转换为.py 文件？

第 2 章　Python 语言基础

Python 是一种跨平台的程序设计语言，具有简单、易学、免费、开源、高层语言、可移植、解释型、面向对象、可扩展、可嵌入，以及提供了丰富的库等特点。下面介绍 Python 的常用知识点。

2.1　列表

2.1.1　列表的定义

Python 中的列表是一种数据结构，用于存储一组有序的数据。列表中的每个元素都分配有一个数字，即这个元素的索引（或位置）。列表第 1 个元素的索引为 0，第 2 个元素的索引为 1，依次类推。要创建一个列表，可在方括号中指定元素，并使用逗号分隔，如下所示。

```
mlist = [item1, item2, item3]
```

创建好列表之后，可以使用索引来访问列表中的元素，如下所示。

```
x = mlist[0]      # 返回 item1
```

还可以使用切片来访问列表的子集，如下所示。

```
y = mlist[1:3]    # 返回含 item2 和 item3 的列表
```

2.1.2　列表的操作

列表为可变序列，可以使用以下操作符来修改列表。

（1）加号（+）：连接两个列表。

（2）星号（*）：重复列表。

具体操作如下所示。

```
mlist1 = ['a', 'b', 'c']
mlist2 = ['d', 'e', 'f']
mlist3 = mlist1 + mlist2
print(mlist3)
mlist4 = mlist1 * 3
print(mlist4)
```

运行结果如下所示。

```
['a', 'b', 'c', 'd', 'e', 'f']
['a', 'b', 'c', 'a', 'b', 'c', 'a', 'b', 'c']
```

还可以使用内置方法来修改列表，下面介绍部分常用的方法。

1. append()方法

该方法用于在列表末尾添加新元素，示例如下所示。

```
mlist1 = [1, 2, 3]
mlist1.append(1)  # 在列表末尾插入 1
print(mlist1)
```

运行结果如下所示。

```
[1, 2, 3, 1]
```

2. insert()方法

该方法用于在列表的指定位置插入新元素，示例如下所示。

```
mlist2 = [1, 2, 3]
mlist2.insert(2,5)  # 在列表中索引值为 2 的位置插入 5
print(mlist2)
```

运行结果如下所示。

```
[1, 2, 5, 3]
```

3. remove()方法

该方法用于从列表中删除指定元素，示例如下所示。

```
mlist3 = [1, 2, 3, 3, 3, 3]
mlist3.remove(3)  # 删除列表中查找到的第 1 个 3
print(mlist3)
```

运行结果如下所示。

```
[1, 2, 3, 3, 3]
```

4. sort()方法

该方法用于对列表进行排序，示例如下所示。

```
mlist4 = [1, 5, 3, 9, 8, 6]
mlist4.sort()  # 排序列表
print(mlist4)
```

运行结果如下所示。

```
[1, 3, 5, 6, 8, 9]
```

5. pop()方法

该方法用于返回列表中指定位置的元素值，并将其从列表中移除，示例如下所示。

```
mlist5 = [1, 5, 3, 9, 8, 6]
a = mlist5.pop(1)  # 返回列表中索引值为 1 的元素值，并从列表中移除它
print(a)
```

```
print(mlist5)
```

运行结果如下所示。

```
5
[1, 3, 9, 8, 6]
```

6. count()方法

该方法用于返回列表中指定元素的个数，示例如下所示。

```
mlist6 = [1, 5, 3, 3, 3, 3]
b = mlist6.count(3)   # 返回列表中 3 的个数
print(b)
```

运行结果如下所示。

```
4
```

2.2　元组

2.2.1　元组的定义

元组（tuple）是 Python 中另一个重要的序列结构，和列表类似，元组也是由一系列按特定顺序排序的元素组成的。

元组和列表（list）的不同之处：列表的元素是可以更改的，包括修改元素值，以及删除和插入元素，所以列表是可变序列；元组一旦被创建，它的元素就不可更改了，所以元组是不可变序列。

从形式上看，元组的所有元素都放在一对圆括号()中，相邻元素之间用逗号分隔，如下所示。

```
(item1, item2, ..., itemn)
```

其中，item1～itemn 表示元组中的各个元素，对个数没有限制，只要是 Python 支持的数据类型即可。

从存储内容上看，元组可以存储整数（也称整型）、实数、字符串、列表、元组等任何类型的数据，并且在同一个元组中，元素的类型可以不同，如下所示。

```
("aaaaa", 5, [2,3,4], ("abcd",5.0))
```

在以上定义的元组中，有多种类型的数据，包括整数、字符串、列表、元组。

2.2.2　元组的创建

1. 通过()创建

通过()创建元组，具体格式如下所示。

```
mtuple = (item1, item1, ..., itemn)
```

其中，mtuple 表示变量名，item1～itemn 表示元组的元素。

在 Python 中，元组通常是使用一对圆括号将所有元素括起来的，但圆括号不是必须使用的，只要将各元素用逗号隔开，Python 就会将其视为元组，如下所示。

```
a = "aaa", "bbb", "ccc"
```

注意，当创建的元组中只有一个字符串类型的元素时，该元素后面必须加一个逗号，否则 Python 解释器会将它视为字符串，如下所示。

```
a = ("aaa",)  # 元组
b = ("bbb")  # 字符串
```

2. 通过 tuple()函数创建

通过 tuple()函数创建元组的语法格式如下所示。

```
tuple(data)
```

在以上语句中，data 表示可以转化为元组的数据，包括字符串、元组、range 对象等，具体如下所示。

```
mtuple1 = tuple("aaa")            # 将字符串转换为元组
print(mtuple1)

mlist1 = ['aaa', 'bbb', 'ccc', 'ddd']  # 将列表转换为元组
mtuple2 = tuple(mlist1)
print(mtuple2)

mdict1 = {'a':33, 'b':44, 'c':55}     # 将字典转换为元组
mtuple3 = tuple(mdict1)
print(mtuple3)

range1 = range(1, 4)             # 将区间转换为元组
mtuple4 = tuple(range1)
print(mtuple4)
```

运行结果如下所示。

```
('a', 'a', 'a')
('aaa', 'bbb', 'ccc', 'ddd')
('a', 'b', 'c')
(1, 2, 3)
```

2.2.3　元组的操作

由于元组是不可变序列，所以元组没有对应的修改函数。若想对一个元组进行修改，则需要对元组重新赋值，如下所示。

```
mtuple1 = ('a', 'a', 'a')
print(mtuple1)
mtuple1 = ('b', 'b', 'b')
print(mtuple1)
```

运行结果如下所示。

```
('a', 'a', 'a')
('b', 'b', 'b')
```

除此之外，元组还可以通过加号（+）进行拼接，如下所示。

```
mtuple1 = ('a', 'a', 'a')
mtuple2 = ('b', 'b', 'b')
mtuple3 = mtuple1 + mtuple2
print(mtuple3)
```

运行结果如下所示。

```
('a', 'a', 'a', 'b', 'b', 'b')
```

2.3 字典

在 Python 中，字典（dict）是一种无序的、可变的序列，它的元素以"键值对（key-value）"的形式存储。相对地，列表和元组都是有序的序列，它们的元素在底层是挨着存放的。在字典中，习惯将各元素对应的索引称为键（key），各个键对应的元素称为值（value），键及其关联的值称为"键值对"，注意，同一字典中的各个键必须是唯一的，不能重复。字典的键可以是整数、字符串或元组，字典的值可以是 Python 支持的任意数据类型。

2.3.1 字典的创建

1. 通过{}创建
通过{}创建字典，具体格式如下所示。

```
mdict = {'key1':'value1', 'key2':'value2', ..., 'keyn':valuen}
```

其中，mdict 为字典变量名，字典中的每个元素都包含两部分：键和值。键和值之间使用冒号（:）分隔，相邻元素之间使用逗号（,）分隔，所有元素放在花括号{}中。

2. 通过 fromkeys()方法创建
在 Python 中，还可以使用 dict 字典类提供的 fromkeys()方法创建带有默认值的字典，具体格式如下所示。

```
mdict = dict.fromkeys(list, value=None)
```

其中，list 表示字典中所有键的列表，value 表示默认值，如果不写，则为空值 None，具体示例如下所示。

```
mlist = ['a', 'b', 'c']
mdict = dict.fromkeys(mlist, 88)
print(mdict)
```

运行结果如下所示。

```
{'a': 88, 'b': 88, 'c': 88}
```

3. 通过 dict()映射函数创建
通过 dict()映射函数创建字典的写法有多种，具体如下所示。

```
# str 表示字符串类型的键，value 表示键对应的值，使用此方式创建字典时，字符串类型的键名不能带引号
a = dict(str1 = "value1", str2 = "value2", str3 = "value3")
print(a)

# 向 dict()映射函数传入列表或元组，而它们的元素又是各自包含两个元素的列表或元组
# 其中，第 1 个元素作为键，第 2 个元素作为值
b = [('one', 1), ('two', 2), ('three', 3)]
a = dict(b)
print(a)
c = (['four', 4], ['five', 5], ['six', 6])
a = dict(c)
print(a)

# 通过 dict()映射函数和 zip()函数，将两个元素个数相同的列表整合为一个字典
d = ["seven", "eight", "nine"]
e = [7, 8, 9]
a = dict(zip(d, e))
print(a)
```

运行结果如下所示。

```
{'str1': 'value1', 'str2': 'value2', 'str3': 'value3'}
{'one': 1, 'two': 2, 'three': 3}
{'four': 4, 'five': 5, 'six': 6}
{'seven': 7, 'eight': 8, 'nine': 9}
```

2.3.2　字典的操作

一般可以通过以下格式来获取字典中对应键的值。

```
mdict[key]
```

其中，mdict 表示字典变量名，key 表示键名，键必须存在，否则会抛出异常，具体示例如下所示。

```
mdict = {'a': 88, 'b': 77, 'c': 66}
print(mdict['a'])
```

运行结果如下所示。

```
88
```

除此之外，还可以使用 get()方法来获取对应的键值，具体示例如下所示。

```
mdict = {'a': 88, 'b': 77, 'c': 66}
print(mdict.get('b'))
```

运行结果如下所示。

```
77
```

还可以使用内置方法来操作字典，下面介绍部分常用的方法。

1. pop()方法

该方法用于返回指定键名的值，并将其从字典中移除，示例如下所示。

```
mdict1 = {'a': 88, 'b': 77, 'c': 66}
a = mdict1.pop('a')  # 返回'a'的值，并将其从字典中移除
print(a)
print(mdict1)
```

运行结果如下所示。

```
88
{'b': 77, 'c': 66}
```

2. keys()方法

该方法用于获取字典的键名列表，示例如下所示。

```
mdict2 = {'c': 99, 'd': 88, 'e': 66}
print(mdict2.keys())  # 输出字典的键名列表
```

运行结果如下所示。

```
dict_keys(['c', 'd', 'e'])
```

3. values()方法

该方法用于获取字典的键值列表，示例如下所示。

```
mdict3 = {'c': 99, 'd': 88, 'e': 66}
print(mdict3.values())  # 输出字典的键值列表
```

运行结果如下所示。

```
dict_values([99, 88, 66])
```

4. items()方法

该方法用于获取字典的键值对列表，示例如下所示。

```
mdict4 = {'c': 99, 'd': 88, 'e': 66}
print(mdict4.items())  # 输出字典的键值对列表
```

运行结果如下所示。

```
dict_items([('c', 99), ('d', 88), ('e', 66)])
```

5. copy()方法

该方法用于复制一个字典并返回，示例如下所示。

```
mdict2 = {'c': 99, 'd': 88, 'e': 66}
mdict5 = mdict2.copy()  # 获取 mdict2 字典的副本
print(mdict5)
```

运行结果如下所示。

```
{'c': 99, 'd': 88, 'e': 66}
```

6. update()方法

该方法通过字典所包含的键值对更新已有的字典，示例如下所示。

```
mdict6 = {'c': 99, 'd': 88, 'e': 66}
mdict6.update({'d': 99, 'e': 99})  # 更新指定键名的值
print(mdict6)
```

运行结果如下所示。

```
{'c': 99, 'd': 99, 'e': 99}
```

7. popitem()方法

该方法用于返回字典的最后一个键值对，并将其从字典中移除，示例如下所示。

```
mdict7 = {'c': 99, 'd': 88, 'e': 66}
b = mdict7.popitem()  # 返回字典的最后一个键值对，并将其从字典中移除
print(b)
print(mdict7)
```

运行结果如下所示。

```
('e', 66)
{'c': 99, 'd': 88}
```

8. setdefault()方法

该方法用于在字典末尾插入一个键值对，若字典中已存在该键值对，则不插入，示例如下所示。

```
mdict8 = {'c': 99, 'd': 88, 'e': 66}
mdict8.setdefault("d", 99)     # 字典已存在该键值对，不插入
mdict8.setdefault("a", 77)     # 字典不存在该键值对，插入
mdict8.setdefault("b")         # 字典不存在该键值对，插入，未设定值，默认为 None
print(mdict8)
```

运行结果如下所示。

```
{'c': 99, 'd': 88, 'e': 66, 'a': 77, 'b': None}
```

2.4　集合

在 Python 中，集合与数学中的集合概念一样，主要用来保存不重复的元素，即集合中的元素都是唯一的，互不相同。在同一集合中，只能存储不可变的数据类型，包括整型、浮点型、字符串类型、元组，无法存储列表、字典、集合这些可变的数据类型。Python 中有两种集合类型：set 类型集合和 frozenset 类型集合，set 类型集合可以进行添加、删除元素的操作，frozenset 类型集合则不行，下面介绍这两种集合。

2.4.1　set 类型集合

1. set 类型集合的创建

Python 提供两种创建 set 类型集合的方法：①通过{}创建；②通过 set()函数将字符串、列表、元组等类型转换为集合。

1）通过{}创建

通过{}创建 set 类型集合的示例如下所示。

```
mset = {1, 2, "aaa", "aaa", 1, (1, 2, 3)}
print(mset)
```

运行结果如下所示。

```
{1, 2, (1, 2, 3), 'aaa'}
```

从上面的例子可以看出，由于 set 类型集合是无序的，所以每次输出时，元素的排列顺序可能不同。

2）通过 set()函数创建

通过 set()函数创建 set 类型集合的示例如下所示。

```
mset1 = set("aaa")          # 转换字符串
print(mset1)

mset2 = set([1, 2, 3, 1])      # 转换列表
print(mset2)

mset3 = set((4, 5, 6, 6))      # 转换元组
print(mset3)
```

运行结果如下所示。

```
{'a'}
{1, 2, 3}
{4, 5, 6}
```

2. set 类型集合的操作

由于集合是无序的，所以无法像列表那样使用下标访问元素。但是，可以通过循环的方式将集合中的数据逐一读取，具体如下所示。

```
mset = {'a', 'b', 1, 'c', 1, 'a', (1, 2)}
for items in mset:
    print(items, end=' ')
```

运行结果如下所示。

```
1 (1, 2) b a c
```

还可以使用内置方法来操作 set 类型集合，下面介绍部分常用的方法。

1）add()方法

该方法用于在集合中添加元素。注意，只能添加数字、字符串、元组或布尔类型（True 和 False）值，不能添加列表、字典、集合这类可变的数据，示例如下所示。

```
mset1 = {'a', 'b', 'c', 1, (1, 2)}
mset1.add(3)  # 添加 3
print(mset1)
```

运行结果如下所示。

```
{'b', 1, (1, 2), 3, 'a', 'c'}
```

2）remove()方法

该方法用于移除集合中的指定元素。注意，当移除的元素不存在时会报错，示例如下所示。

```
mset2 = {'a', 'b', 'c', 1, (1, 2)}
mset2.remove(1)  # 移除 1
print(mset2)
```

运行结果如下所示。

```
{'a', (1, 2), 'c', 'b'}
```

3）clear()方法

该方法用于清空集合，示例如下所示。

```
mset3 = {'a', 'b', 'c', 1, (1, 2)}
mset3.clear()  # 清空集合
print(mset3)
```

运行结果如下所示，set()表示空集合。

```
set()
```

4）copy()方法

该方法用于复制集合，并返回，示例如下所示。

```
mset1 = {'a', 'b', 'c', 1, (1, 2)}
mset4 = mset1.copy()  # 获取 mset1 的副本
print(mset4)
```

运行结果如下所示。

```
{'a', 1, (1, 2), 'b', 'c'}
```

5）difference()方法

该方法用于获取两个集合中不同的元素，示例如下所示。

```
mset1 = {'a', 'b', 'c', 1, (1, 2)}
mset2 = {'d', 'e', 'f', 1, 2}
mset5 = mset1.difference(mset2)      # 获取在 mset1 集合中存在，而在 mset2 集合中不存在的元素
print(mset5)
mset5 = mset2.difference(mset1)      # 获取在 mset2 集合中存在，而在 mset1 集合中不存在的元素
print(mset5)
```

运行结果如下所示。

```
{'b', 'a', (1, 2), 'c'}
{'e', 2, 'f', 'd'}
```

6）discard()方法

该方法删除集合中的指定元素，示例如下所示。

```
mset6 = {'a', 'b', 'c', 1, (1, 2)}
mset6.discard(1)   # 删除 1
print(mset6)
```

运行结果如下所示。

```
{(1, 2), 'c', 'a', 'b'}
```

7）difference_update()方法

该方法用于删除两个集合中相同的元素，示例如下所示。

```
mset1 = {'a', 'b', 'c', 1, (1, 2)}
mset2 = {'d', 'e', 'f', 1, 2}
mset1.difference_update(mset2)        # 删除 mset1 与 mset2 集合中相同的元素
print(mset1)

mset3 = {'a', 'b', 'c', 1, (1, 2)}
mset4 = {'d', 'e', 'f', 1, 2}
mset4.difference_update(mset3)        # 删除 mset4 与 mset3 集合中相同的元素
print(mset4)
```

运行结果如下所示。

```
{'c', (1, 2), 'a', 'b'}
{2, 'e', 'f', 'd'}
```

8）intersection()方法

该方法用于获取两个集合的交集，示例如下所示。

```
mset1 = {'a', 'b', 'c', 1, (1, 2)}
mset2 = {'d', 'e', 'f', 1, 2}
mset8 = mset1.intersection(mset2)     # 获取 mset1 与 mset2 集合的交集
print(mset8)
```

运行结果如下所示。

```
{1}
```

9）union()方法

该方法用于获取两个集合的并集，示例如下所示。

```
mset1 = {'a', 'b', 'c', 1, (1, 2)}
mset2 = {'d', 'e', 'f', 1, 2}
mset9 = mset1.union(mset2)            # 获取 mset1 与 mset2 集合的并集
print(mset9)
```

运行结果如下所示。

```
{1, 2, (1, 2), 'd', 'f', 'b', 'c', 'a', 'e'}
```

2.4.2 frozenset 类型集合

frozenset 类型集合是不可变序列，通常当集合的元素不需要改变时，使用 frozenset 类型集合替代 set 类型集合更安全；在程序要求必须是不可变对象时，需要使用 frozenset 类型集合替代 set 类型集合，例如字典的键就是不可变对象。frozenset 类型集合通过 frozenset 函数来创建，具体示例如下所示。

```
frozenset1 = frozenset([1, 2, 3])
print(frozenset1)

frozenset2 = frozenset((4, 5, 6))
print(frozenset2)

frozenset3 = frozenset("abc")
print(frozenset3)
```

运行结果如下所示。

```
frozenset({1, 2, 3})
frozenset({4, 5, 6})
frozenset({'c', 'a', 'b'})
```

2.5　if 判断语句

在 Python 中，可以使用 if 语句来进行条件判断，示例如下所示。

```
x = 2
if x > 0:
    print("x 大于 0")
```

在上面的例子中，如果 x 的值大于 0，则程序会输出"x 大于 0"。

如果进行多个条件判断，则使用 elif（else if 的缩写）语句，示例如下所示。

```
x = 2
if x > 0:
    print("x 大于 0")
elif x == 0:
    print("x 等于 0")
else:
    print("x 为其他情况")
```

在上面的例子中，如果 x 的值大于 0，则程序输出"x 大于 0"；如果 x 的值等于 0，则程序输出"x 等于 0"；否则，程序输出"x 为其他情况"。

注意，在 Python 中，if 语句的冒号（:）后面必须缩进，且缩进的空格数要保持一致，这是 Python 的一个特点，在其他语言中不通用。

2.6　循环语句

Python 的循环语句有两种：for 循环语句和 while 循环语句，下面介绍这两种循环语句。

2.6.1　for 循环语句

在 Python 中，for 循环语句可以用于遍历一个序列（如列表、元组、字符串）或其他可迭代对象，从而多次执行一些代码块，如下所示。

```python
fruits = ['apple', 'banana', 'mango']
for fruit in fruits:
    print(fruit)
```

在上面的例子中，循环语句会遍历 fruits 列表中的每个元素，并将其赋值给 fruit 变量。然后，循环体中的代码（print(fruit)）会被执行三次，分别输出 apple、banana 和 mango。

还可以使用 range()函数和 for 循环语句来执行一些代码块指定次数。例如，要打印 1 到 5 的数字，可以使用以下代码。

```python
for i in range(1, 6):
    print(i)
```

2.6.2　while 循环语句

在 Python 中，while 循环语句执行的具体流程是：首先判断条件表达式的值，若其值为真（True），则执行代码块中的语句，执行完毕后，再次判断条件表达式的值是否为真，若仍为真，则继续重新执行代码块……如此循环，直到条件表达式的值为假（False），才终止循环，具体示例如下所示。

```python
i = 0
while i < 10:
    print(i)
    i += 1
```

在上面的例子中，循环体中的代码会被重复执行 10 次，因为条件 i < 10 在每次循环中都是成立的。

可以使用 break 语句在满足指定条件时退出循环，如下所示。

```python
i = 0
while True:
    print(i)
    i += 1
    if i == 10:
        break
```

在上面的例子中，循环体中的代码会被重复执行，直到 i=10 才会跳出循环。

可以使用 else 子句来定义循环完成后执行的代码块，如下所示。

```python
i = 0
while i < 10:
    print(i)
    i += 1
else:
    print("END!")
```

在上面的例子中，当循环完成（i=10 时）后，else 子句中的代码会被执行，打印" END!"。注意，else 子句只在循环正常完成时执行（没有使用 break 语句退出循环），如果使用了 break 语句退出循环，则 else 语句不会执行，如下所示。

```
i = 0
while i < 10:
    print(i)
    i += 1
    if i == 5:
        break
else:
    print("END!")
```

在上面的例子中，因为当 i=5 时，使用 break 语句退出循环，所以 else 子句中的代码不会被执行。

还可以使用 continue 语句在满足特定条件时，跳过本次循环剩余的代码并继续下一次循环，如下所示。

```
i = 0
while i < 10:
    i += 1
    if i % 2 == 0:
        continue
    print(i)
```

在上面的例子中，当 i 为偶数时，会跳过本次循环剩余的代码并继续下一次循环。

注意，因为 continue 语句会导致循环立即开始下一次迭代，所以在循环体中使用 continue 语句时，要确保它不会导致"死循环"。

2.7 函数

在 Python 中，函数是一个带有名称的代码块，可以被反复调用。可以把函数看成一个机器，它输入一些参数，并根据这些参数执行一些操作，最后输出一个返回值。

若定义一个函数，则需要使用 def 关键字，给函数指定一个名称及一个或多个参数，示例如下所示。

```
def introduction(name):
    print("Hello, 我是" + name + "!")
introduction("小明")
```

运行结果如下所示。

```
Hello, 我是小明!
```

在上面的例子中，函数的名称为 introduction，带有一个参数 name。当调用这个函数时，需要传递一个参数，例如"小明"。调用函数时，传递的参数值被赋给函数内部的 name 变量，函数内部的代码可以使用这个变量。

在函数中除了可以将变量值输出，还可以使用 return 语句将变量值返回，示例如下所示。

```
def add(a, b):
    return a + b
result = add(3, 4)   # result 的值为 7
print(result)
```

运行结果如下所示。

```
7
```

在上面的例子中，函数 add 输入 a 和 b 两个参数，并返回它们的和。

除了必需的参数，函数还可以有可选参数。可选参数具有默认值，如果在调用函数时没有传递相应的参数，则使用默认值，示例如下所示。

```
def greet(name, greeting="Hello"):
    print(greeting + ", " + name + "!")
greet("小刚")
greet("小红", "Hi")
```

运行结果如下所示。

```
Hello, 小刚!
Hi, 小红!
```

在上面的例子中，函数 greet 有两个参数：name 和 greeting。greeting 是可选参数，具有默认值"Hello"。当调用函数只传递一个参数时，使用默认的 greeting 值。如果想指定不同的 greeting 值，则在调用函数时传递第 2 个参数。

函数还可以有任意数量的可选参数，使用*args 来表示任意数量的参数，将所有参数作为元组进行存储，示例如下所示。

```
def print_items(*items):
    for item in items:
        print(item)
print_items("apple", "banana", "cherry")
```

运行结果如下所示。

```
apple
banana
cherry
```

在上面的例子中，函数 print_items 接收任意数量的参数，并将它们作为元组存储在 items 变量中，可以通过遍历这个元组来处理每个参数。

此外，还可以使用**kwargs 来表示任意数量的关键字参数，所有参数作为字典进行存储，示例如下所示。

```
def print_info(**info):
    for key, value in info.items():
        print(key + ": " + value)
print_info(name="小明", age="9", country="中国")
```

运行结果如下所示。

```
name: 小明
age: 9
country: 中国
```

在上面的例子中，函数 print_info 接收任意数量的关键字参数，参数作为字典存储在 info 变量中，可以通过遍历这个字典来处理每个参数。

注意，在使用*args 和**kwargs 时，必须是函数定义中的最后一个参数，示例如下所示。

```
def fun1(a, *args, b):  # 错误：b 在*args 之后
    pass
def fun2(a, b, *args):  # 正确
    pass
```

2.8 类

2.8.1 类的定义

在 Python 中，类是用来描述对象的抽象概念，并为创建这些对象提供了一种方式。类是一种高级的、可扩展的数据类型，可以用来模拟实际世界中的概念，例如学生、车辆、图形、游戏角色等，定义类的语法如下所示。

```
class ClassName:
    # Class body
```

下面定义一个简单的 Python 类，用于描述学生对象。

```
class Student:
    def __init__(self, name, age):
        self.name = name
        self.age = age

    def say_hello(self):
        print("你好，我叫" + self.name)
```

定义类之后，可以使用类来创建对象，如下所示。

```
s1 = Student("小明", 9)
s2 = Student("小红", 9)
```

在类中，可以使用特殊方法__init__()来初始化对象，并为对象设置属性。在上面的例子中，__init__()方法接收 name 和 age 两个参数，并将它们赋值给对象的 name 和 age 属性。

类中的方法可以用来定义对象的行为，在上面的例子中，定义了一个名为 say_hello 的方法，用来输出学生的名字。

若调用类中的方法，则使用以下语法。

```
object.method()
```

具体用法如下所示。

```
s1.say_hello()
s2.say_hello()
```

运行结果如下所示。

```
你好，我叫小明
你好，我叫小红
```

2.8.2　类的属性

无论是类的属性（简称类属性）还是类的方法（简称类方法），都无法像普通变量或函数那样，在类的外部直接使用它们。可以将类看成一个独立的空间，那么类属性其实就是在类体中定义的变量，类方法是在类体中定义的函数。

在类体中，根据变量定义的位置不同，以及定义的方式不同，类属性可细分为以下 3 种类型。

1.　类属性或类变量

类变量的特点是，所有类的实例化对象都同时共享类变量，即类变量在所有实例化对象中是作为公用资源存在的。类方法的调用方式有两种：①使用类名直接调用；②使用类的实例化对象调用。类变量定义在类体中、方法体之外，示例如下所示。

```
class Student:
    # 定义了两个类变量
    name = "小明"
    age = 9

    # 定义了一个 speak 实例方法
    def speak(self, content):
        print(content)

print(Student.name)
s1 = Student()
print(s1.age)
```

运行结果如下所示。

```
小明
9
```

2.　实例属性或实例变量

实例变量指的是在任意类方法内部，以"self.变量名"的方式定义的变量，其特点是只作用于调用方法的对象。实例属性定义在类体中、方法体内部，示例如下所示。

```
class Student:
    def __init__(self):
        # 定义了两个实例变量
        self.name = "小明"
        self.age = 9
```

```
    def speak(self):
        self.content = "你好"

s1 = Student()
print(s1.name)
print(s1.age)
s1.speak()
print(s1.content)
```

运行结果如下所示。

```
小明
9
你好
```

其中，__init__()方法在创建类对象时会自动调用，speak()方法需要由类对象手动调用。因此，Student 类的类对象都会包含 name 和 age 实例变量，而只有调用了 speak()方法的类对象才会包含 content 实例变量，若在未调用 speak()方法之前使用 content 变量，则程序会报错。

和类变量不同的是，通过某个对象修改实例变量的值，不会影响类的其他实例化对象，更不会影响同名的类变量。

3. 局部变量

通常情况下，定义局部变量是为了实现所在类方法的功能。注意，局部变量只能用于定义的方法中，方法执行完成后，局部变量也会被销毁。局部变量定义在类体中、方法体内部，示例如下所示。

```
class Student:
    def speak(self):
        content = "你好"  # 局部变量
        print(content)
```

2.8.3　类的方法

和类属性一样，对类方法也可以进行更细致的划分，具体可分为类方法、实例方法和静态方法。区分这 3 种类方法很简单：采用@classmethod 修饰的方法为类方法；采用@staticmethod 修饰的方法为静态方法；不用任何修饰的方法为实例方法。

除此之外，实例方法的最大的特点是至少包含一个 self 参数，用于绑定调用此方法的实例对象。

类方法和实例方法相似，至少包含一个参数，只不过在类方法中通常将其命名为 cls，Python 会自动将类本身绑定给 cls 参数。

因为静态方法没有类似 self、cls 这样的特殊参数，所以 Python 解释器不会对它包含的参数进行任何类或对象的绑定。因此，在类的静态方法中无法调用任何类属性和类方法。

以上 3 种方法的定义如下所示。

```
class Student:
    def __init__(self):
        # 构造方法也属于实例方法
```

```
def speak1(self):
    # 实例方法，至少包含一个 self 参数

@classmethod
def speak2(cls):
    # 类方法，至少包含一个 cls 参数

@staticmethod
def speak3(content):
    # 静态方法，带不带参数都可以
```

2.8.4 类的特性

在 Python 中，类同样拥有封装、继承、多态这 3 个特性，下面介绍这 3 个特性。

1. 类的封装

在 Python 中，类是一种用来封装数据和定义对象行为的数据类型。封装是一种将类的实现细节隐藏起来，只暴露对外接口的方法。因此，在不知道内部实现的情况下，类的使用者也可以使用它。

为了封装类的实现细节，Python 使用了名称修饰符的概念。名称修饰符是一种特殊的名称，可以帮助控制类成员的访问。

在 Python 中，名称修饰符有以下两种。

（1）private 修饰符：使用两个下画线前缀来修饰名称，例如__private，这样的名称不应该被外部访问。

（2）protected 修饰符：使用一个下画线前缀来修饰名称，例如_protected，这样的名称应该只被类的内部或子类使用。

这些修饰符不会真正阻止外部访问，只是用于提醒程序员应该避免访问带有这些修饰符的名称，除非程序员确实知道自己在做什么。可以使用以下代码来创建一个简单的类，并使用名称修饰符来保护它的内部状态。

```
class MyClass:
    def __init__(self, value):
        self.__value = value

    def get_value(self):
        return self.__value

obj = MyClass(42)
print(obj.get_value())          # 输出 42

# 尝试直接访问私有属性
print(obj.__value)              # 会抛出 AttributeError 异常
```

在上面的例子中，类 MyClass 有一个私有属性__value 和一个公共方法 get_value()。在类的外部，只能通过 get_value()方法来访问__value 属性，不能直接访问。这样就实现了隐藏类的实现细节，只暴露对外接口。

在类的内部，可以通过使用 self.__value 来访问__value 属性，这是因为 Python 使用了名称重整机制来处理私有属性。

在 Python 中，所有以双下画线开头（例如__value）的名称都会被重整为其他名称。具体来说，它会在前面加上一个下画线和类名，并将所有字母转换为小写，例如_MyClass__value。所以，在类的内部，可以使用这个重整后的名称来访问私有属性。

当然也可以使用同样的方法来处理保护属性，只需将属性名称以单下画线开头（例如_protected）。

2. 类的继承

在 Python 中，类可以通过继承来扩展其功能。继承是指一个类可以从另一个类中继承属性和方法，并且可以添加新的属性和方法。

在 Python 中，可以使用以下语法来定义一个类继承另一个类。

```
class DerivedClass(BaseClass):
    # class body
```

假设有一个名为 Animal 的类，该类有一个 speak()方法，用于输出动物的叫声。现在想创建一个名为 Dog 的类，它也有一个 speak()方法，但输出的是狗的叫声，这时候就可以通过继承来实现这个功能，具体示例如下所示。

```
class Animal:
    def speak(self):
        print("动物叫声")

class Dog(Animal):
    def speak(self):
        print("汪!")


dog = Dog()
dog.speak()
```

运行结果如下所示。

```
汪!
```

在这个例子中，先定义了一个名为 Animal 的类，该类有一个 speak()方法；然后定义了一个名为 Dog 的类，该类继承自 Animal 类。在 Dog 类中还定义了一个 speak()方法，该方法覆盖了由 Animal 类继承的 speak()方法。

除了继承的属性和方法，还可以继续在 Dog 类中添加新的属性和方法，如下所示。

```
class Dog(Animal):
    def speak(self):
        print("汪!")

    def eat(self):
        print("狗粮")


dog = Dog()
```

```
dog.speak()
dog.eat()
```

运行结果如下所示。

```
汪!
狗粮
```

除了单继承，Python 中还有多继承的概念，即一个类可以从多个类中继承属性和方法。可以使用以下语法来定义一个类继承多个类。

```
class DerivedClass(BaseClass1, BaseClass2, BaseClass3):
    # class body
```

在多继承中，如果多个父类已定义了同名的方法或属性，那么 Python 会根据继承列表中的顺序来使用第 1 个定义的方法或属性，如下所示。

```
class A:
    def speak(self):
        print("A 类中的 speak")

class B:
    def speak(self):
        print("B 类中的 speak")

class C(A, B):
    pass

c = C()
c.speak()
```

运行结果如下所示。

```
A 类中的 speak
```

3. 类的多态

在 Python 中，多态指的是在不同的类之间共享相同的方法名称，而这些方法的行为可能不同，这种行为的不同通常是由于这些方法在各自的类中被重写了，具体示例如下所示。

```
class Animal:
    def speak(self):
        pass

class Dog(Animal):
    def speak(self):
        print("汪!")

class Cat(Animal):
    def speak(self):
        print("喵!")

def animals_speak(animals):
    for animal in animals:
```

```
        animal.speak()

dogs = [Dog(), Dog(), Dog()]
cats = [Cat(), Cat()]
animals = dogs + cats
animals_speak(animals)
```

运行结果如下所示。

```
汪!
汪!
汪!
喵!
喵!
```

在上面的例子中，定义了一个 Animal 类及两个子类，即 Dog 类和 Cat 类。Animal 类有一个 speak()方法，但没有任何代码。在 Dog 类和 Cat 类中都重写了 speak()方法，让它们在调用时打印出不同的字符串。

在 Animal 类中还定义了一个 animals_speak()方法，它接收一个名为 animals 的列表，该列表包含了一些类对象，然后通过遍历列表中的每个动物，来调用对应的 speak()方法。

在代码的调用部分，创建了 2 个列表：包含 3 个狗的列表和包含 2 个猫的列表，然后合并这 2 个列表，形成一个包含 5 个动物的列表，最后将这个列表传递给 animals_speak()方法。

运行这个程序，会打印出 3 个"汪!"和 2 个"喵!"，这是因为在 animals_speak()方法中，调用的是每个动物对象的 speak()方法，这些方法的行为取决于它们所属的类。因此，狗会发出"汪!"的声音，猫会发出"喵!"的声音。

在这个例子中，通过在 Dog 类和 Cat 类中重写 Animal 类的 speak()方法来实现多态。这样，即使在程序中调用了相同的方法名称，但这个方法在 Dog 类和 Cat 类中的行为是不同的。

 ## 本章任务

2020 年有 366 天，将 2020 年 1 月 1 日作为计数起点，即计数 1，2020 年 12 月 31 日作为计数终点，即计数 366。计数 1 代表"2020 年 1 月 1 日-星期三"，计数 10 代表"2020 年 1 月 10 日-星期五"。基于本章所学知识点，通过键盘输入一个 1～366 之间的值，包括 1 和 366，将其转换为年、月、日、星期，并输出转换结果。

 ## 本章习题

1. 列表与元组有什么区别？
2. 简述字典的表现形式。创建字典的方式有几种，分别是怎样的？
3. 集合类型有几种，它们之间的区别是怎样的？
4. 类的属性可以细分为哪几种，它们各自的特点是怎样的？
5. 类的方法可以细分为哪几种，怎样区分这几种类型的方法？
6. 类有哪些特性，这些特性的特点是怎样的？

第 3 章 PyQt5 程序设计

在 PyQt5 程序设计中，需要熟练掌握 3 个非常重要的概念：布局管理器、信号与槽、多线程，本章将详细介绍这 3 个概念。

3.1 布局管理器

3.1.1 实验内容

在设计模式下设计界面时，从控件栏中移出的控件是可以随意摆放的。若使用手动对齐方式，则不仅费时费力，而且最终实现的效果也不理想。因此，对一个完善的应用程序而言，布局管理是必不可少的一部分。无论是希望界面中的控件具有整齐的布局，还是希望界面能适应窗口的大小变化，都需要进行布局管理。QtDesigner 主要提供了 QLayout 类及其子类 QVBoxLayout、QHBoxLayout、QGridLayout 和 QFormLayout 等作为布局管理器，用来实现常用的布局管理功能，布局管理器的分类如图 3-1 所示。控件栏中布局管理组下的 4 个控件（见图 1-1）分别属于 4 个布局管理器。本节主要介绍这 4 个布局管理器的用法。

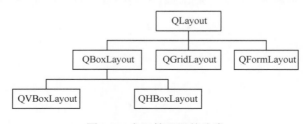

图 3-1 布局管理器的分类

3.1.2 实验原理

1. QVBoxLayout

图 3-2 垂直布局管理器运行效果 1

QVBoxLayout（垂直布局管理器）可以使子控件在垂直方向上排成一列，运行效果如图 3-2 所示。

进行界面设计的方式有两种：①打开 .ui 文件，在设计模式下直接将控件栏中的控件移入界面中进行摆放，并在属性设置框中设置属性；②通过编写代码的方式创建界面，并完成向界面中添加控件和设置控件属性等步骤。这两种方法各有优劣，因此，可以采用二者相结合的方式来完成界面设计。

　　使用方法①实现如图 3-2 所示的界面比较简单直观，只需先从控件栏中将 Vertical Layout 控件移入界面，然后将 3 个 Label 控件移入 Vertical Layout 控件中，最后依次修改 Label 按钮的文本即可。下面主要介绍方法②，先参照 1.4.1 节创建一个新项目，然后在 main.py 文件中输入以下代码。

```python
# 从本地导入所需要的类
from PyQt5.QtCore import Qt
from PyQt5.QtWidgets import QApplication, QVBoxLayout, QPushButton, QWidget
import sys

# 继承 QWidget 创建 Form 类
class Form(QWidget):
    def __init__(self, parent=None):
        super(Form, self).__init__(parent)
        self.setWindowTitle("QVBoxLayout")        # 设置窗体标题
        self.resize(400, 100)                     # 设置窗体大小

        self.mVBoxLayout = QVBoxLayout()          # 创建垂直布局管理器
        self.mPushButtonList = [QPushButton(), QPushButton(), QPushButton()]   # 创建 3 个按钮
        self.mButtonTextList = ["button1", "button2", "button3"]               # 创建 3 个按钮的文本

        self.mVBoxLayout.setSpacing(20)           # 设置控件之间的间距为 20
        # 设置左、上、右、下边距分别为 10、40、70、100
        self.mVBoxLayout.setContentsMargins(10, 40, 70, 100)

        # 设置按钮的文本
        for i in range(0, 3):
            self.mPushButtonList[i] = QPushButton(self.mButtonTextList[i])

        # 设置 self.mPushButtonList[0]水平居左，垂直居上
        self.mVBoxLayout.addWidget(self.mPushButtonList[0], 0, alignment=Qt.AlignLeft | Qt.AlignTop)
        # 设置 self.mPushButtonList[1]居中
        self.mVBoxLayout.addWidget(self.mPushButtonList[1], 0, alignment=Qt.AlignCenter)
        # 设置 self.mPushButtonList[2]水平居右
        self.mVBoxLayout.addWidget(self.mPushButtonList[2], 0, alignment=Qt.AlignRight)
        # 设置当前窗口的布局
        self.setLayout(self.mVBoxLayout)

if __name__ == '__main__':
    app = QApplication(sys.argv)
    form = Form()                    # 创建窗体对象
    form.show()                      # 显示窗体
    sys.exit(app.exec_())            # 确保主循环安全退出
```

　　运行结果如图 3-3 所示。

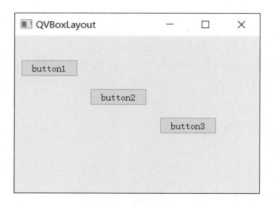

图 3-3　垂直布局管理器运行效果 2

2. QHBoxLayout

QHBoxLayout（水平布局管理器）可使子控件在水平方向上排成一行，其用法与 QVBoxLayout 基本一致，实现如图 3-4 所示界面的代码如下所示。

```python
# 从本地导入所需要的类
from PyQt5.QtCore import Qt
from PyQt5.QtWidgets import QApplication, QHBoxLayout, QPushButton, QWidget
import sys

# 继承 QWidget 创建 Form 类
class Form(QWidget):
    def __init__(self, parent=None):
        super(Form, self).__init__(parent)
        self.setWindowTitle("QHBoxLayout")      # 设置窗体标题
        self.resize(300, 300)                   # 设置窗体大小

        self.mHBoxLayout = QHBoxLayout()        # 创建水平布局管理器
        self.mPushButtonList = [QPushButton(), QPushButton(), QPushButton()]    # 创建 3 个按钮
        self.mButtonTextList = ["button1", "button2", "button3"]                # 创建 3 个按钮的文本

        self.mHBoxLayout.setSpacing(20)         # 设置控件之间的间距为 20
        # 设置左、上、右、下边距分别为 10、40、70、100
        self.mHBoxLayout.setContentsMargins(10, 40, 70, 100)

        # 设置按钮的文本
        for i in range(0, 3):
            self.mPushButtonList[i] = QPushButton(self.mButtonTextList[i])

        # 设置 self.mPushButtonList[0]垂直居下
        self.mHBoxLayout.addWidget(self.mPushButtonList[0], 0, alignment=Qt.AlignBottom)
        # 设置 self.mPushButtonList[1]居中
        self.mHBoxLayout.addWidget(self.mPushButtonList[1], 0, alignment=Qt.AlignCenter)
        # 设置 self.mPushButtonList[2]水平居右
        self.mHBoxLayout.addWidget(self.mPushButtonList[2], 0, alignment=Qt.AlignTop)
```

```
        # 设置当前窗口的布局
        self.setLayout(self.mHBoxLayout)

if __name__ == '__main__':
    app = QApplication(sys.argv)
    form = Form()              # 创建窗体对象
    form.show()                # 显示窗体
    sys.exit(app.exec_())      # 确保主循环安全退出
```

运行结果如图 3-4 所示。

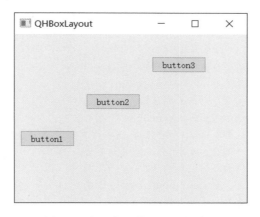

图 3-4　水平布局管理器运行效果

3. QGridLayout

QGridLayout（网格布局管理器）可以使子控件按网格的形式来布局，该布局管理器中的控件被划分为行和列，行和列的交叉形成一个个单元格，控件即可放入这些单元格中。

通常将控件放进网格布局管理器的一个单元格中即可，但有些控件可能需要占用多个单元格，这时就需要用到 addWidget() 方法的一个重载版本，原型如下所示。

```
void QGridLayout::addWidget(QWidget *widget, int fromRow, int fromColumn, int rowSpan, int columnSpan,
Qt::Alignment alignment = Qt::Alignment())
```

其中，fromRow 和 fromColumn 分别为控件开始的行数与列数，rowSpan 和 columnSpan 分别是控件占用的行数与列数，具体用法如下所示。

```
# 从本地导入所需要的类
from PyQt5.QtWidgets import QApplication, QGridLayout, QPushButton, QWidget, QSizePolicy
import sys

# 继承 QWidget 创建 Form 类
class Form(QWidget):
    def __init__(self, parent=None):
        super(Form, self).__init__(parent)
        self.setWindowTitle("QGridLayout")      # 设置窗体标题
        self.resize(400, 100)                   # 设置窗体大小
        self.mGridLayout = QGridLayout()        # 创建网格布局管理器
        self.mPushButtonList = []               # 用于存储按钮
```

```python
        # 创建 6 个按钮的文本
        self.mButtonTextList = []
        for i in range(1, 7):
            self.mButtonTextList.append("button" + i.__str__())

        # 创建按钮并设置按钮的文本
        for i in range(0, 6):
            self.mPushButtonList.append(QPushButton(self.mButtonTextList[i]))

        # 设置 self.mPushButtonList[1]垂直方向可拉伸
        self.mPushButtonList[1].setSizePolicy(QSizePolicy.Minimum, QSizePolicy.Expanding)

        # self.mPushButtonList[0]从第 0 行第 0 列开始，占 1 行 1 列
        self.mGridLayout.addWidget(self.mPushButtonList[0], 0, 0, 1, 1)
        # self.mPushButtonList[1]从第 0 行第 1 列开始，占 2 行 1 列
        self.mGridLayout.addWidget(self.mPushButtonList[1], 0, 1, 2, 1)
        # self.mPushButtonList[2]从第 1 行第 0 列开始，占 1 行 1 列
        self.mGridLayout.addWidget(self.mPushButtonList[2], 1, 0, 1, 1)
        # self.mPushButtonList[3]从第 2 行第 0 列开始，占 1 行 1 列
        self.mGridLayout.addWidget(self.mPushButtonList[3], 2, 0, 1, 1)
        # self.mPushButtonList[4]从第 2 行第 1 列开始，占 1 行 1 列
        self.mGridLayout.addWidget(self.mPushButtonList[4], 2, 1, 1, 1)
        # self.mPushButtonList[5]从第 4 行第 0 列开始，占 1 行 2 列
        self.mGridLayout.addWidget(self.mPushButtonList[5], 4, 0, 1, 2)

        # 设置当前窗口的布局
        self.setLayout(self.mGridLayout)

if __name__ == '__main__':
    app = QApplication(sys.argv)
    form = Form()              # 创建窗体对象
    form.show()                # 显示窗体
    sys.exit(app.exec_())      # 确保主循环安全退出
```

运行效果如图 3-5 所示。

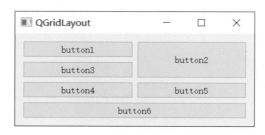

图 3-5　网格布局管理器运行效果

4. QFormLayout

QFormLayout（表单布局管理器）用来管理表单的输入控件和与之相关的标签。表单布

局管理器将子控件分为两列，左边一列通常为标签，右边一列通常为一些输入控件，如行编辑框 LineEdit 和数字显示框 Spin Box 等。

　　可以通过 addRow()方法来添加表单项，即创建一个带有指定文本的 QLabel 和 QWidget 控件行，该方法原型如下所示。

```
void QFormLayout::addRow(const QString &labelText, QWidget *field)
```

　　具体用法如下所示。

```python
# 从本地导入所需要的类
from PyQt5.QtWidgets import QApplication, QFormLayout, QWidget, QLineEdit
import sys

# 继承 QWidget 创建 Form 类
class Form(QWidget):
    def __init__(self, parent=None):
        super(Form, self).__init__(parent)
        self.setWindowTitle("QFormLayout")       # 设置窗体标题
        self.resize(400, 100)                    # 设置窗体大小
        self.mFormLayout = QFormLayout()         # 创建表单布局管理器

        # 定义行编辑框
        self.mNameLineEdit = QLineEdit()
        self.mPhoneLineEdit = QLineEdit()
        self.mEmailLineEdit = QLineEdit()

        # 添加表单项, self.mNameLineEdit 对应的 QLabel 标签为 Name
        self.mFormLayout.addRow("Name:", self.mNameLineEdit)
        self.mFormLayout.addRow("Telephone:", self.mPhoneLineEdit)
        self.mFormLayout.addRow("Email:", self.mEmailLineEdit)

        # 设置当前窗口的布局
        self.setLayout(self.mFormLayout)

if __name__ == '__main__':
    app = QApplication(sys.argv)
    form = Form()               # 创建窗体对象
    form.show()                 # 显示窗体
    sys.exit(app.exec_())       # 确保主循环安全退出
```

　　运行效果如图 3-6 所示。

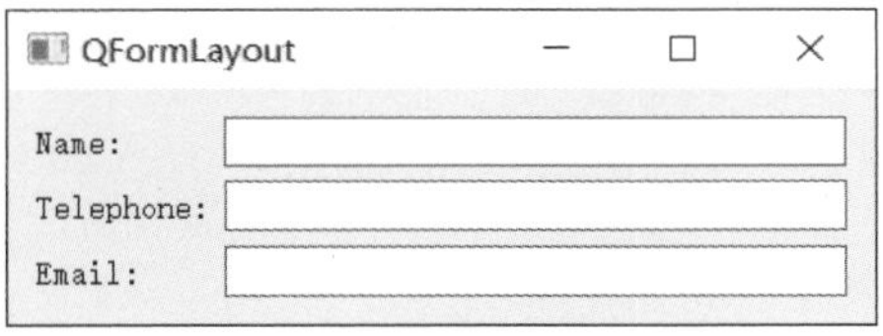

图 3-6　表单布局管理器运行效果

根据前面介绍的网格布局管理器的用法，上述界面同样可以通过网格布局来实现，但是代码量相对较大。因此，当要设计的界面是一种由两列和若干行组成的形式时，使用 QFormLayout 比使用 QGridLayout 更方便。

5. 布局管理器嵌套使用

在进行一些复杂的界面设计时，仅使用一种布局管理器往往会使界面过于单调，而且有些布局需要较大的代码量才能实现。这时就需要灵活使用多种布局管理器，多种布局管理器之间除了可以独立使用，还可以嵌套使用。下面嵌套使用两种布局管理器来设计一个简单的界面。

```python
# 从本地导入所需要的类
from PyQt5.QtWidgets import QApplication, QHBoxLayout, QPushButton, QWidget, QVBoxLayout
import sys

# 继承 QWidget 创建 Form 类
class Form(QWidget):
    def __init__(self, parent=None):
        super(Form, self).__init__(parent)
        self.setWindowTitle("MultiLayout")         # 设置窗体标题
        self.resize(300, 200)                      # 设置窗体大小
        self.mVBoxLayout = QVBoxLayout()           # 创建垂直布局管理器
        self.mHBoxLayout = QHBoxLayout()           # 创建水平布局管理器

        # 创建 6 个按钮的文本
        self.mButtonTextList = []
        for i in range(1, 7):
            self.mButtonTextList.append("button" + i.__str__())

        # 创建按钮并设置按钮的文本
        self.mPushButtonList = []
        for i in range(0, 6):
            self.mPushButtonList.append(QPushButton(self.mButtonTextList[i]))

        # 设置垂直布局管理器
        self.mVBoxLayout.addWidget(self.mPushButtonList[0])
        self.mVBoxLayout.addWidget(self.mPushButtonList[1])
        self.mVBoxLayout.addWidget(self.mPushButtonList[2])
        # 设置水平布局管理器
        self.mHBoxLayout.addWidget(self.mPushButtonList[3])
        self.mHBoxLayout.addWidget(self.mPushButtonList[4])
        self.mHBoxLayout.addWidget(self.mPushButtonList[5])
        # 向垂直布局管理器中添加水平布局管理器
        self.mVBoxLayout.addLayout(self.mHBoxLayout)

        # 设置当前窗口的布局
        self.setLayout(self.mVBoxLayout)
```

```
if __name__ == '__main__':
    app = QApplication(sys.argv)
    form = Form()              # 创建窗体对象
    form.show()                # 显示窗体
    sys.exit(app.exec_())      # 确保主循环安全退出
```

运行效果如图 3-7 所示。

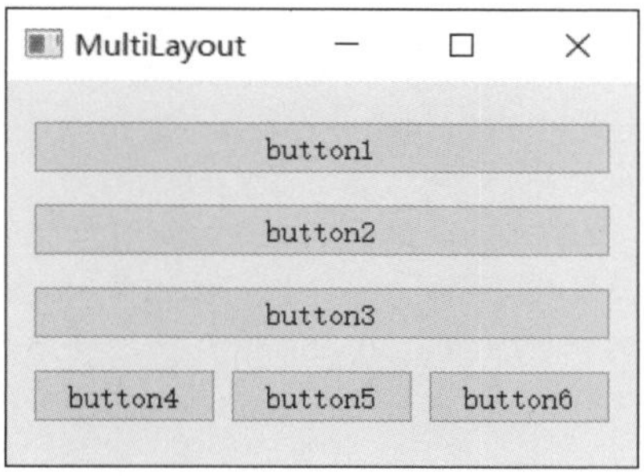

图 3-7　嵌套使用布局管理器的运行效果

3.1.3　实验步骤

下面通过嵌套使用 4 种布局管理器来实现界面布局，主要通过编写代码的方式来进行布局。

步骤 1：新建项目

参照 1.4.1 节，新建一个 Python 项目，项目名称为 LayoutTest，项目路径为"D:\PyQt5Project"。

步骤 2：完善 main.py 文件

双击打开 main.py 文件，删除文件原有的代码，添加如程序清单 3-1 所示的代码。

程序清单 3-1

```
1.    # 从本地导入所需要的类
2.    from PyQt5.QtGui import QFont
3.    from PyQt5.QtWidgets import QApplication, QFormLayout, QVBoxLayout, QHBoxLayout, QGridLayout
4.    from PyQt5.QtWidgets import QLabel, QLineEdit, QCheckBox, QPushButton
5.    from PyQt5.QtWidgets import QWidget, QSpacerItem, QSizePolicy
6.    import sys
7.
8.
9.    # 继承 QWidget 创建 Form 类
10.   class Form(QWidget):
11.       def __init__(self, parent=None):
12.           super(Form, self).__init__(parent)
13.           self.setWindowTitle("LayoutTest")  # 设置窗体标题
14.
15.           # 定义行编辑框，分别包含姓名、性别、年龄、电话、邮箱
16.           self.mNameLineEdit = QLineEdit()
17.           self.mSexLineEdit = QLineEdit()
```

```
18.     self.mAgeLineEdit = QLineEdit()
19.     self.mPhoneLineEdit = QLineEdit()
20.     self.mEmailLineEdit = QLineEdit()
21.
22.     # 创建表单布局管理器，并将姓名、性别、年龄、电话、邮箱行编辑框作为表单项
23.     self.mFormLayout = QFormLayout()
24.     self.mFormLayout.addRow("姓名:", self.mNameLineEdit)
25.     self.mFormLayout.addRow("性别:", self.mSexLineEdit)
26.     self.mFormLayout.addRow("年龄:", self.mAgeLineEdit)
27.     self.mFormLayout.addRow("电话:", self.mPhoneLineEdit)
28.     self.mFormLayout.addRow("邮箱:", self.mEmailLineEdit)
29.     self.mFormLayout.setSpacing(20)  # 设置表单项的间距为20
30.     # 设置表单项的左、上、右和下外边距分别为10、10、40和30
31.     self.mFormLayout.setContentsMargins(10, 10, 40, 30)
32.
33.     # 创建复选框，分别包含体温、血压、呼吸、血氧、心电
34.     self.mTempCheckBox = QCheckBox("体温")
35.     self.mNIBPCheckBox = QCheckBox("血压")
36.     self.mRespCheckBox = QCheckBox("呼吸")
37.     self.mSPO2CheckBox = QCheckBox("血氧")
38.     self.mECGCheckBox = QCheckBox("心电")
39.
40.     # 创建垂直布局管理器，并添加体温、血压、呼吸、血氧、心电复选框
41.     self.mVBoxLayout = QVBoxLayout()
42.     self.mVBoxLayout.addWidget(self.mTempCheckBox)
43.     self.mVBoxLayout.addWidget(self.mNIBPCheckBox)
44.     self.mVBoxLayout.addWidget(self.mRespCheckBox)
45.     self.mVBoxLayout.addWidget(self.mSPO2CheckBox)
46.     self.mVBoxLayout.addWidget(self.mECGCheckBox)
47.     self.mVBoxLayout.setSpacing(20)  # 设置每项的间距为20
48.     # 设置复选框的左、上、右和下外边距分别为10、10、20和30
49.     self.mVBoxLayout.setContentsMargins(10, 10, 20, 30)
50.
51.     # 创建一个垂直空间间隔
52.     self.mVerticalSpacer = QSpacerItem(40, 20, QSizePolicy.Expanding, QSizePolicy.Expanding)
53.     # 创建两个按钮，文本分别设置为"确定"和"取消"
54.     self.mOKButton = QPushButton("确定")
55.     self.mCancelButton = QPushButton("取消")
56.     # 创建水平布局管理器，并添加"确定"和"取消"按钮
57.     self.mHBoxLayout = QHBoxLayout()
58.     self.mHBoxLayout.addWidget(self.mOKButton)
59.     self.mHBoxLayout.addWidget(self.mCancelButton)
60.
61.     # 创建"个人信息"和"测量参数"标签，并设置字体、样式和字号
62.     self.mInfoLabel = QLabel("个人信息")
63.     self.mFont = QFont("Microsoft YaHei", 10, 50)
64.     self.mInfoLabel.setFont(self.mFont)
```

```
65.        self.mParaLabel = QLabel("测量参数")
66.        self.mParaLabel.setFont(self.mFont)
67.
68.        # 创建网格布局管理器
69.        self.mGridLayout = QGridLayout()
70.        # 向网格布局管理器中添加"个人信息"标签，从第 0 行第 0 列开始，占 1 行 1 列
71.        self.mGridLayout.addWidget(self.mInfoLabel, 0, 0, 1, 1)
72.        # 向网格布局管理器中添加"测量参数"标签，从第 0 行第 1 列开始，占 1 行 1 列
73.        self.mGridLayout.addWidget(self.mParaLabel, 0, 1, 1, 1)
74.        # 向网格布局管理器中添加表单布局，从第 1 行第 0 列开始，占 5 行 1 列
75.        self.mGridLayout.addLayout(self.mFormLayout, 1, 0, 5, 1)
76.        # 向网格布局管理器中添加垂直布局，从第 1 行第 1 列开始，占 5 行 1 列
77.        self.mGridLayout.addLayout(self.mVBoxLayout, 1, 1, 5, 1)
78.        # 向网格布局管理器中添加垂直空间间隔，从第 6 行第 0 列开始，占 1 行 2 列
79.        self.mGridLayout.addItem(self.mVerticalSpacer, 6, 0, 1, 2)
80.        # 向网格布局管理器中添加水平布局，从第 7 行第 0 列开始，占 1 行 2 列
81.        self.mGridLayout.addLayout(self.mHBoxLayout, 7, 0, 1, 2)
82.        # 设置 self.mGridLayout 为当前窗口的布局
83.        self.setLayout(self.mGridLayout)
84.
85.  if __name__ == '__main__':
86.      app = QApplication(sys.argv)
87.      form = Form()              # 创建窗体对象
88.      form.show()                # 显示窗体
89.      sys.exit(app.exec_())      # 确保主循环安全退出
```

步骤 3：编译运行验证程序

单击 ▶ 按钮运行程序，实验效果如图 3-8 所示。

图 3-8　布局管理器实验效果

3.1.4　本节任务

在 QtDesigner 中，直接放置布局管理器并摆放其他控件，或使用代码编写和手动布局结合的方式，再次实现本节实验的布局，对比并总结这些布局方式各有哪些优势。

3.2 信号与槽

3.2.1 实验内容

信号与槽（signal & slot）是 Qt 的核心机制，也是进行 PyQt5 编程时对象之间通信的基础。在 PyQt5 中，每个对象（包括各种窗口和控件）都支持信号与槽机制，通过信号与槽的关联，就可以实现对象之间的通信。本节先介绍信号与槽的特点和用法，然后通过一个简单的实验来介绍实际应用。

3.2.2 实验原理

1. 信号与槽简介

窗口控件在用户操作或内部状态发生变化时，会发出特定的信号来通知关注这个信号的对象。槽就是用于响应信号的函数，槽函数与一般函数不同的是：槽函数可以与信号关联，当信号发出时，与之关联的槽函数会自动执行。

若要将一个窗口控件的变化情况通知给另一个窗口控件，则一个窗口控件发出信号，另一个窗口控件的槽接收此信号并进行相应的操作，这样即可实现两个窗口控件之间的通信。每个对象都包含若干未定义的信号与槽，当某个特定事件发生时，会发出一个信号，与该信号关联的槽函数则会响应信号并完成相应处理。例如，按钮 Push Button 的最常见信号是单击时发出的 clicked()信号；组合框 Combo Box 的最常见信号是在列表项中发生改变时发出的 CurrentIndexChanged()信号，合理地利用这些信号可以使程序的逻辑设计变得更简便。

2. 信号与槽的用法

1）定义信号与槽

在 PyQt5 中，除了控件自带的信号，还可以通过 pyqtSignal 类来创建自定义信号，示例如下所示。

```
from PyQt5.QtCore import pyqtSignal

class MyWidget:
    # 定义一个信号
    mySignal = pyqtSignal()
```

之后可以在另一个类中定义一个槽函数，如下所示。

```
class AnotherWidget:
    def slot_my(self):
        # 具体实现
        pass
```

2）关联信号与槽

创建好信号与槽函数之后，需要通过 connect()方法来将两者进行关联，示例如下所示。

```
widget1 = MyWidget()
widget2 = AnotherWidget()
```

```
# 关联信号与槽
widget1.mySignal.connect(widget2.slot_my)
```

关联好信号与槽之后，每次当 widget1 的 mySignal 信号发出时，widget2 的 slot_my 槽函数将被对应调用。在 PyQt5 中，可以使用 emit()方法来发出自定义信号，示例如下所示。

```
widget1.mySignal.emit()
```

3. 信号与槽的特点

1）类型安全

信号与槽在参数类型上一一对应，且槽的参数个数不能多于信号的参数个数（当槽的参数个数少于信号的参数个数时，缺少的只能是最后一个或几个参数）。若在编写代码时出现信号与槽参数类型不对应或信号的参数个数少于槽的参数个数等错误，编译器就会报错。

2）松散耦合

信号与槽机制减弱了对象的耦合度。发出信号的对象只需在适当的时机将信号发出即可，不需要知道此信号将被哪些槽接收，以及是否已被接收。同样，槽也不需要知道哪些信号关联了自己，只需在收到信号后执行槽函数即可。

3）灵活简便

信号与槽机制使界面中各个组件的交互操作变得十分灵活、简便。虽然与回调函数相比，信号与槽机制的运行速度偏慢，但对于实时程序来说，相较于信号与槽机制带来的灵活性和简便性，这一点性能损耗是可以忽略的。

3.2.3　实验步骤

本节通过一个简单的实验来介绍信号与槽的具体用法。

步骤 1：新建项目

参照 1.4.1 节，新建一个 Python 项目，项目名称为 SignalAndSlotTest，项目路径为"D:\PyQt5Project"。

步骤 2：完善 main.py 文件

双击打开 main.py 文件，删除文件原有的代码，添加如程序清单 3-2 所示的代码。

程序清单 3-2

```
1.    # 从本地导入所需要的类
2.    from PyQt5.QtCore import Qt, pyqtSignal
3.    from PyQt5.QtWidgets import QApplication, QVBoxLayout, QHBoxLayout, QGridLayout
4.    from PyQt5.QtWidgets import QLabel, QLineEdit, QPushButton
5.    from PyQt5.QtWidgets import QWidget, QSpacerItem
6.    import sys
7.
8.
9.    # 继承 QWidget 创建 NameModify 类
10.   class NameModify(QWidget):
11.       modifySignal = pyqtSignal(str)              # 自定义信号
12.
```

```
13.      def __init__(self):
14.          super(NameModify, self).__init__()
15.          self.setWindowTitle("NameModify")          # 设置窗体标题
16.          self.resize(300, 200)                      # 设置窗体大小
17.
18.          # 创建网格布局管理器，并添加一个文本编辑框，添加垂直空间间隔，以及"保存"和"取消"按钮
19.          self.mGridLayout = QGridLayout()
20.          self.mNameLineEdit = QLineEdit()
21.          self.mSaveButton = QPushButton("保存")
22.          self.mSaveButton.clicked.connect(self.save_click)
23.          self.mCancelButton = QPushButton("取消")
24.          self.mCancelButton.clicked.connect(self.close)
25.          self.mVerticalSpacer = QSpacerItem(40, 20)
26.          self.mGridLayout.addWidget(self.mNameLineEdit, 0, 0, 1, 2)
27.          self.mGridLayout.addItem(self.mVerticalSpacer, 1, 0, 1, 2)
28.          self.mGridLayout.addWidget(self.mSaveButton, 2, 0, 1, 1)
29.          self.mGridLayout.addWidget(self.mCancelButton, 2, 1, 1, 1)
30.
31.          self.setMaximumSize(300, 200)              # 限制窗体的大小
32.          # 设置当前窗口的布局
33.          self.setLayout(self.mGridLayout)
34.
35.      def save_click(self):
36.          # 通过 self.modifySignal 信号传输当前 self.mNameLineEdit 的文本
37.          self.modifySignal.emit(self.mNameLineEdit.text())
38.          self.close()
39.
40.      def get_name(self, name):
41.          # 设置 self.mNameLineEdit 控件的文本为 self.sendNameSignal 信号传过来的文本
42.          self.mNameLineEdit.setText(name)
43.
44.  # 继承 QWidget 创建 MainForm 类
45.  class MainForm(QWidget):
46.      sendNameSignal = pyqtSignal(str)                # 自定义信号
47.
48.      def __init__(self):
49.          super(MainForm, self).__init__()
50.          self.setWindowTitle("MainForm")            # 设置窗体标题
51.          self.resize(300, 200)  # 设置窗体大小
52.          # 创建水平布局管理器，并添加"姓名:"和"小李"文本，以及添加"修改"按钮
53.          self.mLabelHBoxLayout = QHBoxLayout()
54.          self.mNameTextLabel = QLabel("姓名: ")
55.          self.mNameEditLabel = QLabel("小李")
56.          self.mModifyButton = QPushButton("修改")
57.          self.mModifyButton.clicked.connect(self.modify_clicked)
58.          self.mModifyButton.setMaximumSize(70, 25)  # 限制"修改"按钮的大小
59.          self.mLabelHBoxLayout.addWidget(self.mNameTextLabel)
```

```
60.        self.mLabelHBoxLayout.addWidget(self.mNameEditLabel, Qt.AlignLeft)
61.        self.mLabelHBoxLayout.addWidget(self.mModifyButton)
62.        # 创建水平布局管理器，并添加"确定"和"退出"按钮
63.        self.mButtonHBoxLayout = QHBoxLayout()
64.        self.mOKButton = QPushButton("确定")
65.        self.mOKButton.clicked.connect(self.close)
66.        self.mQuitButton = QPushButton("退出")
67.        self.mQuitButton.clicked.connect(self.close)
68.        self.mButtonHBoxLayout.addWidget(self.mOKButton)
69.        self.mButtonHBoxLayout.addWidget(self.mQuitButton)
70.        # 创建垂直布局管理器，并添加 self.mLabelHBoxLayout 布局和 self.mButtonHBoxLayout 布局
71.        self.mVBoxLayout = QVBoxLayout()
72.        self.mVBoxLayout.addLayout(self.mLabelHBoxLayout)
73.        self.mVBoxLayout.addLayout(self.mButtonHBoxLayout)
74.
75.        self.setMaximumSize(300, 200)        # 限制窗体的大小
76.        self.setLayout(self.mVBoxLayout)     # 设置当前窗口的布局
77.
78.    def modify_clicked(self):
79.        # 通过 self.sendNameSignal 信号传输当前 self.mNameEditLabel 的文本
80.        self.sendNameSignal.emit(self.mNameEditLabel.text())
81.
82.    def set_name(self, name):
83.        # 设置 self.mNameEditLabel 控件的文本为 self.modifySignal 信号传过来的文本
84.        self.mNameEditLabel.setText(name)
85.
86. if __name__ == '__main__':
87.    app = QApplication(sys.argv)
88.    # 创建窗体对象
89.    mMainForm = MainForm()
90.    mNameModify = NameModify()
91.    # 指定"修改"按钮单击信号的槽函数
92.    mMainForm.mModifyButton.clicked.connect(mNameModify.show)
93.    # 指定自定义信号 sendNameSignal 的槽函数
94.    mMainForm.sendNameSignal.connect(mNameModify.get_name)
95.    # 指定自定义信号 modifySignal 的槽函数
96.    mNameModify.modifySignal.connect(mMainForm.set_name)
97.    mMainForm.show()            # 显示窗体
98.    sys.exit(app.exec_())       # 确保主循环安全退出
```

步骤 3：编译运行验证程序

单击▶按钮运行程序，运行效果如图 3-9 所示。

单击"修改"按钮，弹出如图 3-10 所示的弹窗。

在行编辑框中修改姓名并单击"保存"按钮，此时弹窗关闭，且主界面显示的姓名"小李"会被替换为修改之后的姓名，如图 3-11 所示。

图 3-9　实验项目运行效果　　　　图 3-10　修改姓名　　　　图 3-11　修改结果

3.2.4　本节任务

本实验实现了一个信号关联一个槽和关联多个槽，尝试实现一个信号关联另一个信号，以及多个信号关联同一个槽。

3.3　多线程

3.3.1　实验内容

为了满足用户构造复杂图形界面系统的需求，Qt 提供了丰富的多线程编程功能。本节将介绍多线程的优点和创建方法，以及线程同步的概念，并通过实验设计一个多线程的程序。

3.3.2　实验原理

1．什么是多线程

一个应用程序通常只有一个线程，该线程称为主线程。线程内的操作是按顺序执行的，如果在主线程中执行一些耗时的操作（如加载图片、读取大型文件、传输文件和密集计算等），则会阻塞主线程，导致用户界面失去响应。在这种情况下，单一线程就无法满足应用程序的需求。此时，可以再创建一个单独的线程，将耗时的操作转移到新建的线程中执行，并处理好新线程与主线程之间的同步和数据交互，这就是多线程应用程序。

2．多线程的特点

相比单线程，多线程具有以下特点。

（1）提高应用程序的响应速度。在多线程下，可将一些耗时的操作置于一个单独的线程中，使用户界面一直处于活动状态，以避免因主线程阻塞而失去响应。

（2）提高多处理器系统的 CPU 利用率。当线程数小于 CPU 数目时，操作系统会合理分配各个线程，使其分别在不同的 CPU 上运行。

（3）改善程序结构。可将一些代码量庞大的复杂线程分为多个独立或半独立的执行部分，既可以增加代码的可读性，也有利于代码的维护。

（4）可以分别设置各个任务的优先级，以优化性能。

（5）等候使用共享资源时会造成程序的运行速度变慢。这些共享资源主要是独占性的资源，如打印机等。

（6）管理多个线程需要额外的 CPU 开销。多线程的使用会给系统带来上下文切换的额外负担（上下文切换是指内核在 CPU 上对进程或线程进行切换）。

（7）容易造成线程的死锁。

（8）同时读写公有变量容易造成脏读（读出无效数据）。

3. 如何使用多线程

Qt 提供了支持多线程操作的功能，包括一套独立于平台的线程类库、一个线程安全的事件发送途径，以及可跨线程使用的信号与槽。此外，还提供了用于线程之间通信与同步的若干机制，使得基于 Qt 的多线程应用程序开发变得灵活简单。

Qt 中的 QThread 类提供了管理线程的方法，是实现多线程的核心类。一个 QThread 类的对象管理一个线程，该线程可以与应用程序中的其他线程分享数据，但是是独立运行的。

创建一个新线程的方法是：自定义一个继承自 QThread 的类，并重写 run()方法，在 run()方法中添加该线程需要完成的任务，然后在主线程中创建一个上述自定义类的对象并实例化，最后调用 QThread::start()方法开始新线程。

通常，程序都是从 main()函数开始执行的，而 QThread 是从 run()方法开始执行的，start()方法默认调用 run()方法。QThread 在线程启动、结束和终止时分别发出 started()、finished()和 terminated()信号。可以用 isRunning()方法和 isFinished()方法来查询线程的状态，还可以使用 wait()来阻塞线程，直到线程结束。run()方法通过调用 exec()方法来开启事件循环，并在线程内运行一个 Qt 事件循环，可以使用 quit()方法退出事件循环。当从 run()方法返回后，线程便执行结束。

4. 线程同步

线程同步主要是为了协调各个线程之间的工作，以便更好地完成一些任务。虽然多线程的思想是多个线程尽可能多地并发执行，但有时有些线程需要暂停等待其他线程，例如，两个线程同时访问同一个全局变量，如果没有线程同步，读出的结果通常是不确定的。

Qt 提供了丰富的类用于线程同步，常用的有 QMutex、QReadWriteLock、QSemaphore 和 QWaitCondition。

1）QMutex

QMutex 是基于互斥量的线程同步类，可以确保多个线程对同一资源的顺序访问。使用 QMutex 定义一个互斥量 mutex，通过 mutex.lock()和 mutex.unlock()分别锁定与解锁互斥量，处于 mutex.lock()和 mutex.unlock()之间的代码为保护状态，在同一时间只能有一个线程访问此段代码。当一个线程锁定互斥量后，若另一个线程也尝试调用 lock()方法来锁定这个互斥量，则不但无法成功锁定，反而会阻塞执行，直到前一个线程解锁互斥量为止。通过调用 tryLock()方法也可以锁定互斥量，但与 lock()方法不同的是，如果成功锁定，则返回 true；如果其他线程已经锁定这个互斥量，则返回 false，但不会阻塞线程执行。

2）QReadWriteLock

使用互斥量可提升线程安全性，但也存在弊端：当程序中有多个线程仅需读取某一公有变量时，如果使用互斥量，则必须排队访问，从而会降低程序的性能。使用 QReadWriteLock 可以避免出现上述问题。

QReadWriteLock 以读锁定或写锁定的方式保护一段代码，允许多个线程以只读形式访问公有资源。常用方法有 lockForRead()、lockForWrite()、unlock()、tryLockForRead()和 tryLockForWrite()。

3）QSemaphore

QSemaphore 为基于信号量的线程同步类，用于对互斥量功能的扩展。使用互斥量只能保护一个资源，而信号量可以保护多个资源。QSemaphore 的构造方法可以指定一个参数，即当前可用资源的个数，默认为 0。QSemaphore 提供了 acquire() 和 release() 方法来获取与释放资源。

4）QWaitCondition

QWaitCondition 允许一个线程在满足特定条件后，通知或唤醒其他多个线程。唤醒方式通过 wakeOne() 和 wakeAll() 方法实现，前者唤醒一个处于等待状态的线程，后者唤醒所有处于等待状态的线程。

3.3.3 实验步骤

本节将进行一个多线程实验，创建一个新线程，在新线程中进行 10 秒倒计时，并将计时结果返回到主线程中，通过标签 Label 进行显示。

步骤 1：新建项目

参照 1.4.1 节，新建一个 Python 项目，项目名称为 ThreadTest，项目路径为 "D:\PyQt5Project"。

步骤 2：完善 main.py 文件

双击打开 main.py 文件，删除文件原有的代码，添加如程序清单 3-3 所示的代码。

程序清单 3-3

```
1.   # 从本地导入所需要的类
2.   from PyQt5.QtCore import Qt, pyqtSignal, QThread, QTimer
3.   from PyQt5.QtGui import QFont
4.   from PyQt5.QtWidgets import QApplication, QPushButton, QWidget, QVBoxLayout, QLabel
5.   import sys
6.
7.
8.   # 继承 QWidget 创建 Form 类
9.   class Form(QWidget):
10.      def __init__(self):
11.          super(Form, self).__init__()
12.          self.setWindowTitle("ThreadTest")              # 设置窗体标题
13.          self.resize(150, 150)                          # 设置窗体大小
14.
15.          self.mStartTextLabel = QLabel("计时提示")
16.          self.mStartTextLabel.setAlignment(Qt.AlignCenter)
17.          self.mFont = QFont("Microsoft YaHei", 12, 50)
18.          self.mStartTextLabel.setFont(self.mFont)
19.          self.mCountTextLabel = QLabel("10")            # 计数值文本
20.          self.mCountTextLabel.setAlignment(Qt.AlignCenter)
21.          self.mStartButton = QPushButton("开始")         # "开始"按钮
22.          self.mStartButton.setFont(self.mFont)
23.          self.mStartButton.clicked.connect(self.start_click)   # 关联槽函数
24.          # 创建垂直布局管理器
```

```
25.        self.mVBoxLayout = QVBoxLayout()
26.        self.mVBoxLayout.addWidget(self.mStartTextLabel)        # 添加计时提示文本
27.        self.mVBoxLayout.addWidget(self.mCountTextLabel)        # 添加计数值文本
28.        self.mVBoxLayout.addWidget(self.mStartButton)          # 添加"开始"按钮
29.
30.        self.mNewThread = None                                 # 线程对象
31.        self.mNumString = None                                 # 用于存储转换为字符串的计数值
32.
33.        # 设置当前窗口的布局
34.        self.setLayout(self.mVBoxLayout)
35.
36.    def start_click(self):
37.        self.mNewThread = CountThread()                        # 创建线程对象
38.        self.mNewThread.started.connect(self.count_start)      # 关联线程开启信号的槽函数
39.        self.mNewThread.sendNum.connect(self.get_num)          # 关联自定义信号 sendNum 的槽函数
40.        self.mNewThread.finished.connect(self.count_over)      # 关联线程结束信号的槽函数
41.        self.mNewThread.start()                                # 开启线程
42.
43.    def count_start(self):
44.        # 线程开启时,将"计时提示"文本更改为"计时开始"文本
45.        self.mStartTextLabel.setText("计时开始")
46.        # 将"开始"按钮禁用
47.        self.mStartButton.setEnabled(False)
48.
49.    def count_over(self):
50.        # 线程结束时,将"计时开始"文本更改为"计时结束"文本
51.        self.mStartTextLabel.setText("计时结束")
52.        # 将"开始"按钮启用
53.        self.mStartButton.setEnabled(True)
54.
55.    def get_num(self, num):
56.        # 将 sendNum 信号传过来的 num 转换为字符串,并显示到 self.mCountTextLabel 控件
57.        self.mNumString = num.__str__()
58.        self.mCountTextLabel.setText(self.mNumString)
59.
60. # 继承 QThread 创建 CountThread 类
61. class CountThread(QThread):
62.    sendNum = pyqtSignal(int)                                  # 自定义信号
63.
64.    def __init__(self):
65.        super(CountThread, self).__init__()
66.        self.mNum = 10                                         # 初始计数值为 10
67.        self.mOneSecTimer = None                               # 1 秒定时器
68.        self.mTenSecTimer = None                               # 10 秒定时器
69.
70.    def count_down(self):
71.        # 每 1 秒 mNum 减 1,并触发 self.sendNum 信号
```

```
72.              self.mNum -= 1
73.              self.sendNum.emit(self.mNum)
74.
75.        def run(self):
76.              self.mOneSecTimer = QTimer()
77.              self.mTenSecTimer = QTimer()
78.              self.mOneSecTimer.start(1000)                             # 每 1 秒触发一次定时器任务
79.              self.mTenSecTimer.start(10000)                            # 每 10 秒触发一次定时器任务
80.              self.mOneSecTimer.timeout.connect(self.count_down)        # 关联 1 秒定时器任务
81.              self.mTenSecTimer.timeout.connect(self.quit)             # 关联 10 秒定时器任务
82.              self.exec()
83.
84.        if __name__ == '__main__':
85.              app = QApplication(sys.argv)
86.              form = Form()                                            # 创建窗体对象
87.              form.show()                                              # 显示窗体
88.              sys.exit(app.exec_())                                    # 确保主循环安全退出
```

步骤 3：编译运行验证程序

单击▶按钮运行程序，运行效果如图 3-12 所示。

单击"开始"按钮，创建新线程，出现"计时开始"标签，显示倒计时的计数值，此时"开始"按钮被禁用，如图 3-13 所示。

计时结束后，显示"计时结束"标签，并重新启用"开始"按钮，如图 3-14 所示。

图 3-12　实验项目运行效果

图 3-13　开始计时

图 3-14　计时结束

3.3.4　本节任务

本实验是通过 10 秒定时器使线程计时结束的，试在主界面中添加一个按钮，通过单击该按钮可以直接结束线程。

本章任务

本章共有 3 个实验，首先学习各个实验的实验原理，然后按照实验步骤完成实验，最后按照要求完成本章任务。

本章习题

1. 简要概括手动布局和代码布局的优劣之处。
2. 简述信号与槽的用法及实现过程。
3. 信号与槽有哪几种连接方式？
4. exec()和 show()方法都可以用来显示对话框，二者最大的区别是什么？
5. 多线程相比于单线程的优势有哪些？
6. 简述创建一个新线程的方法与步骤。

第 4 章　打包/解包小工具设计

本章的目标是，基于 PyQt5 开发人体生理参数监测系统软件，在该软件中可将一系列控制命令（如启动血压测量、停止血压测量等）发送到人体生理参数监测系统硬件平台上，该硬件平台返回的五大生理参数（体温、血氧、呼吸、心电、血压）信息可显示在计算机上。为确保数据（或命令）在传输过程中的完整性和安全性，需要在发送之前对数据（或命令）进行打包处理，接收到数据（或命令）之后进行解包处理。因此，无论是软件还是硬件平台，都需要有一个共同的模块，即打包/解包模块（PackUnpack），该模块遵照某种通信协议。本章将介绍 PCT 通信协议及 PyQt5 中的部分控件，通过开发一个打包/解包小工具，来深入理解和学习 PCT 通信协议。

4.1　实验内容

学习 PCT 通信协议及 PyQt5 中的部分控件，如标签（Label）控件、行编辑框（Line Edit）控件和按钮（Push Button）控件等。设计一个打包/解包小工具，在文本框中输入模块 ID、二级 ID 及 6 字节数据后，通过"打包"按钮实现打包操作，并将打包结果显示到打包结果显示区。另外，还可以根据用户输入的 10 字节待解包数据，通过"解包"按钮实现解包操作，并将解包结果显示到解包结果显示区。

4.2　实验原理

4.2.1　PCT 通信协议

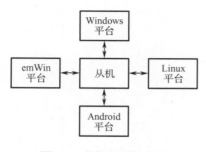

图 4-1　主机与从机交互

从机常作为执行单元，用于处理一些具体的事务，而主机（如 Windows、Linux、Android 和 emWin 平台等）常用于与从机进行交互，向从机发送命令，或处理来自从机的数据，如图 4-1 所示。

主机与从机之间的通信过程如图 4-2 所示。主机向从机发送命令的具体过程是：①主机对待发命令进行打包；②主机通过通信设备（串口、蓝牙、Wi-Fi 等）将打包好的命令发送出去；③从机在接收到命令之后，对命令进行解包；④从机按照相应的命令执行任务。

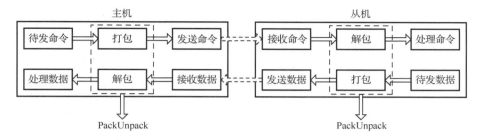

图 4-2　主机与从机之间的通信过程（打包/解包框架）

从机向主机发送数据的具体过程是：①从机对待发数据进行打包；②从机通过通信设备（串口、蓝牙、Wi-Fi 等）将打包好的数据发送出去；③主机在接收到数据之后，对数据进行解包；④主机对接收到的数据进行处理，如计算、显示等。

4.2.2　PCT 通信协议格式

在主机与从机的通信过程中，主机和从机有一个共同的模块，即打包/解包模块（PackUnpack），该模块遵循某种通信协议。通信协议有很多种，本实验采用的 PCT 通信协议由本书作者设计，该协议可由 C、C++、C#、Java 等编程语言实现。打包后的 PCT 通信协议的数据包格式如图 4-3 所示。

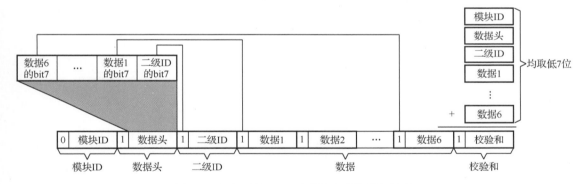

图 4-3　打包后的 PCT 通信协议的数据包格式

PCT 通信协议规定：

（1）数据包由 1 字节模块 ID+1 字节数据头+1 字节二级 ID+6 字节数据+1 字节校验和构成，共计 10 字节。

（2）数据包中有 6 个数据，每个数据为 1 字节。

（3）模块 ID 的最高位 bit7 固定为 0。

（4）模块 ID 的取值范围为 0x00～0x7F，最多有 128 种类型。

（5）数据头的最高位 bit7 固定为 1，数据头的低 7 位按照从低位到高位的顺序，依次存放二级 ID 的最高位 bit7、数据 1 的最高位 bit7、数据 2 的最高位 bit7、…、数据 6 的最高位 bit7。

（6）校验和的低 7 位为模块 ID+数据头+二级 ID+数据 1+数据 2+…+数据 6 求和的结果（取低 7 位）。

（7）二级 ID、数据 1～数据 6 和校验和的最高位 bit7 固定为 1。注意，并不是说二级 ID、数据 1～数据 6 和校验和只有 7 位，而是在打包后，它们的低 7 位位置不变，最高位均位于数据头中，因此，依然还是 8 位。

4.2.3　PCT 通信协议打包过程

PCT 通信协议的打包过程分为以下 4 步。

第 1 步，准备原始数据，原始数据由模块 ID（0x00～0x7F）、二级 ID、数据 1～数据 6组成，如图 4-4 所示。其中，模块 ID 的取值范围为 0x00～0x7F，二级 ID 和数据的取值范围为 0x00～0xFF。

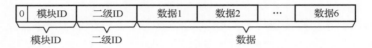

图 4-4　PCT 通信协议打包第 1 步

第 2 步，依次取出二级 ID、数据 1～数据 6 的最高位 bit7，将其按照从低位到高位的顺序依次存放于数据头的低 7 位，如图 4-5 所示。

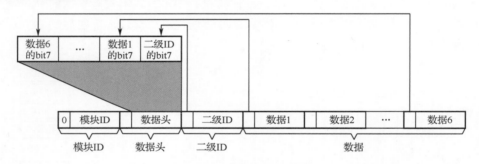

图 4-5　PCT 通信协议打包第 2 步

第 3 步，对模块 ID、数据头、二级 ID、数据 1～数据 6 的低 7 位求和，取求和结果的低 7 位，将其存放于校验和的低 7 位，如图 4-6 所示。

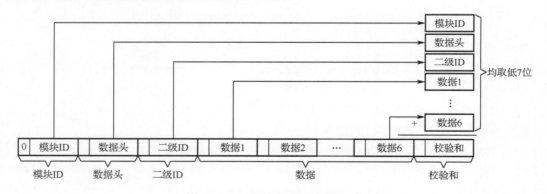

图 4-6　PCT 通信协议打包第 3 步

第 4 步，将数据头、二级 ID、数据 1～数据 6 和校验和的最高位置 1，如图 4-7 所示。

图 4-7　PCT 通信协议打包第 4 步

4.2.4　PCT 通信协议解包过程

PCT 通信协议的解包过程分为以下 4 步。

第 1 步，准备解包前的数据包，原始数据包由模块 ID、数据头、二级 ID、数据 1~数据 6、校验和组成，如图 4-8 所示。其中，模块 ID 的最高位为 0，其余字节的最高位均为 1。

图 4-8　PCT 通信协议解包第 1 步

第 2 步，对模块 ID、数据头、二级 ID、数据 1~数据 6 的低 7 位求和，如图 4-9 所示，取求和结果的低 7 位与数据包的校验和低 7 位进行对比，如果两个值的结果相等，则说明校验正确。

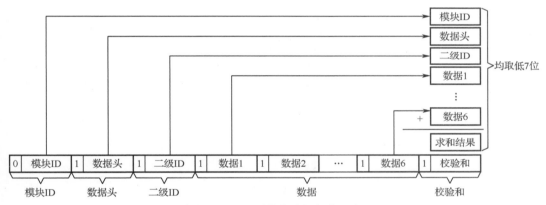

图 4-9　PCT 通信协议解包第 2 步

第 3 步，数据头的最低位 bit0 与二级 ID 的低 7 位拼接之后作为最终的二级 ID，数据头的 bit1 与数据 1 的低 7 位拼接之后作为最终的数据 1，数据头的 bit2 与数据 2 的低 7 位拼接之后作为最终的数据 2，依次类推，如图 4-10 所示。

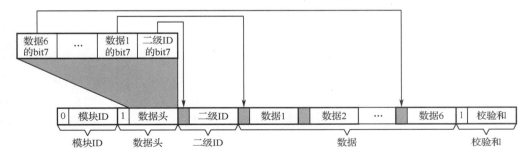

图 4-10　PCT 通信协议解包第 3 步

第 4 步，图 4-11 所示为解包后的结果，由模块 ID、二级 ID、数据 1～数据 6 组成。其中，模块 ID 的取值范围为 0x00～0x7F，二级 ID 和数据的取值范围为 0x00～0xFF。

图 4-11   PCT 通信协议解包第 4 步

4.2.5   设计框图

打包/解包小工具设计框图如图 4-12 所示。

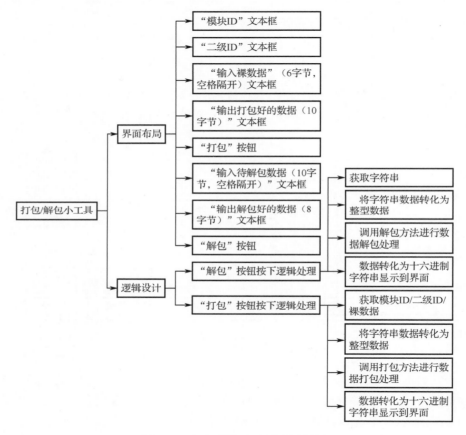

图 4-12   打包/解包小工具设计框图

4.2.6   界面介绍

PackUnpackDemo 项目的最终布局界面如图 4-13 所示，该界面主要用到了 Label、Line Edit 和 Push Button 控件。另外，还用到了视觉辅助用的容器控件 Group Box，将打包和解包的内容进行视觉分类。打包前，要先填入 6 字节的裸数据、模块 ID 和二级 ID，然后单击"打包"按钮进行打包，打包的结果会显示在"输出打包好的数据（10 字节）"文本框中。解包前，要先填入 10 字节的待解包数据，然后单击"解包"按钮进行解包操作，解包的结果会显示在

"输出解包好的数据（8 字节）"文本框中。

图 4-13　PackUnpackDemo 项目的最终布局界面

PackUnpackDemo 界面的控件属性设置如表 4-1 所示。

表 4-1　PackUnpackDemo 界面的控件属性设置

控件类型	objectName	title	Text
Group Box	packGroupBox	打包	
Label	packDinLabel		输入裸数据（6 字节，空格隔开）
Line Edit	packDinLineEdit		00 01 6E 01 70 00
Label	packDoutLabel		输出打包好的数据（10 字节）
Line Edit	packDoutLineEdit		
Label	modIDLabel		模块 ID
Line Edit	modIDLineEdit		12
Label	secIDLabel		二级 ID
Line Edit	secIDLineEdit		02
Push Button	packButton		打包
Group Box	unpackGroupBox	解包	
Label	unpackDinLabel		输入待解包数据（10 字节，空格隔开）
Line Edit	unpackDinLineEdit		12 80 82 80 81 EE 81 F0 80 F4
Label	unpackDoutLabel		输出解包好的数据（8 字节）
Line Edit	unpackDoutLineEdit		
Push Button	unpackButton		
Push Button	sendButton		解包

4.3 实验步骤

步骤 1：复制基准项目

先将本书配套资料包中的"04.例程资料\Material\01.PackUnpackDemo"文件夹复制到"D:\PyQt5Project"目录下，然后通过 PyCharm 打开项目。

步骤 2：新建并完善 pack.py 文件

在打开的 01.PackUnpackDemo 项目中，右键单击项目名，在右键快捷菜单中选择"新建"→"Python 文件"命令，如图 4-14 所示。

图 4-14 新建 pack.py 文件步骤 1

在弹出的"新建 Python 文件"对话框中，将文件命名为 pack.py，然后回车，完成创建，如图 4-15 所示。

图 4-15 新建 pack.py 文件步骤 2

双击打开新建的 pack.py 文件，在文件中添加如程序清单 4-1 所示的代码。

（1）第 1 行代码：定义了一个 pack 函数，参数列表是一个列表对象。

（2）第 2～4 行代码：判断传入的对象长度，长度不为 10，返回。

（3）第 11 行代码：for 循环，i 从 8 开始，每次减 1，直到小于或等于 1。

（4）第 12～19 行代码：取数据的最高位存到 dataHead，将数据最高位置 1，以及将数据加到校验和 checkSum。

（5）第 22 行代码：数据头最高位置 1 后，存储到数据包的第 2 个位置。

（6）第 26～28 行代码：取校验和的低 7 位，然后将最高位置 1。

程序清单 4-1

```
1.    def pack(obj):
2.        if( len(obj) != 10 ):
3.            print('wrong length')
4.            return
5.
6.        # 第 1 字节为模块 ID，取出模块 ID，赋值给校验和变量
7.        checkSum = obj[0]
8.        # 将数据头变量赋值为 0，即清除数据头的各比特位
9.        dataHead = 0
10.
11.       for i in range(8, 1, -1):
12.           # 数据头变量左移 1 位，赋值给新的数据头变量
13.           dataHead = dataHead << 1
14.           # 将最高位置 1
15.           obj[i] = obj[i-1] | 128
16.           # 数据与校验和变量相加，赋值给新的校验和变量
17.           checkSum = checkSum + obj[i]
18.           # 取出原始数据的最高位，与数据头变量相或，赋值给新的数据头变量
19.           dataHead = dataHead | ((obj[i-1] & 128) >> 7)
20.
21.       # 数据头在数据包的第 2 个位置，仅次于模块 ID，数据头的最高位也要置 1
22.       obj[1] = dataHead | 128
23.       # 将数据头变量与校验和变量相加，赋值给新的校验和变量
24.       checkSum = checkSum + obj[1]
25.       # 将校验和变量的低 7 位取出，赋值给新的校验和变量
26.       checkSum = checkSum & 127
27.       # 校验和的最高位也要置 1
28.       obj[9] = checkSum | 128
```

步骤 3：新建并完善 unpack.py 文件

参照步骤 2 新建一个 unpack.py 文件。双击打开新建的 unpack.py 文件，在文件中添加如程序清单 4-2 所示的代码。

（1）第 1 行代码：定义了一个 unpack 函数，参数列表是一个列表对象。

（2）第 14 行代码：for 循环，i 从 1 开始，每次加 1，直到大于等于 8 为止。

（3）第 15～19 行代码，实现了将每个数据加到校验和 checkSum，以及将 dataHead 中的数据头还给每个数据的最高位的操作。

（4）第 21～26 行代码：判断当前得到的校验和与数据包中的校验和是否一致，若不一致，则返回；若一致，则删除当前列表的最后两个数据（解包的数据只有前 8 个有效）。

程序清单 4-2

```
1.    def unpack(unpackIn):
2.        # 解包前的数据包长为 10 字节，不为 10 字节的包即错误包，将返回值赋值为 0，然后退出函数
3.        if( len(unpackIn) != 10 ):
4.            print('wrong length')
5.            return
6.
7.        # 第 1 字节为模块 ID，取出模块 ID，赋值给校验和变量
8.        checkSum = unpackIn[0]
9.        # 第 2 字节为数据头，取出数据头，赋值给数据头变量
10.       dataHead = unpackIn[1]
11.       # 校验和变量与数据头变量相加，再赋值给新的校验和变量
12.       checkSum = checkSum + dataHead
13.
14.       for i in range(1, 8, 1):
15.           # 将数据依次与校验和变量相加，再赋值给新的校验和变量
16.           checkSum = checkSum + unpackIn[i + 1]
17.           unpackIn[i] = (unpackIn[i + 1] & 127) | ((dataHead & 1)<<7)
18.           # 数据头右移 1 位
19.           dataHead >> 1
20.
21.       if( (checkSum & 127) != (unpackIn[9] & 127) ):
22.           print('checksum error')
23.           return
24.       else:
25.           del unpackIn[-1]
26.           del unpackIn[-1]
```

步骤 4：新建并完善 packUnpack.py 文件

参照步骤 2 新建一个 packUnpack.py 文件。双击打开新建的 packUnpack.py 文件，在文件中添加如程序清单 4-3 所示的代码。

程序清单 4-3

```
1.    from PyQt5 import QtWidgets
2.    from packUnpack_ui import Ui_MainWindow
3.    from pack import pack
4.    from unpack import unpack
5.
6.
7.    class MainWindow(QtWidgets.QMainWindow, Ui_MainWindow):
8.        def __init__(self):
9.            super(MainWindow, self).__init__()
10.           self.setupUi(self)
11.           # 关联槽函数
12.           self.packButton.clicked.connect(self.pack)
13.           self.unpackButton.clicked.connect(self.unpack)
```

```
14.
15.        #  "打包"按钮单击信号的槽函数
16.        def pack(self):
17.            listPack = []
18.            strPack = ""
19.            listPack.append(self.modIDLineEdit.text())          # 获取模块 ID
20.            listPack.append(self.secIDLineEdit.text())          # 获取二级 ID
21.            # 获取裸数据
22.            listPack.extend(self.packDinLineEdit.text().lstrip().rstrip().split(' '))
23.            listPack.append('0')
24.            listPack.append('0')
25.            # 转换为十六进制整数
26.            for index, item in enumerate(listPack):
27.                listPack[index] = int(item, 16)
28.            pack(listPack)                                      # 打包数据
29.            for item in listPack:
30.                # 第 3 位开始取，进而去掉 0x
31.                strPack = strPack + hex(item)[2:].upper()
32.                strPack = strPack + " "
33.            self.packDoutLineEdit.setText(strPack)
34.
35.        #"解包"按钮单击信号的槽函数
36.        def unpack(self):
37.            listPack = []
38.            strUnPack = ""
39.            # 获取待解包数据
40.            listPack.extend(self.unpackDinLineEdit.text().lstrip().rstrip().split(' '))
41.            for index, item in enumerate(listPack):
42.                listPack[index] = int(item, 16)
43.            unpack(listPack)
44.            for item in listPack:
45.                # 第 3 位开始取，进而去掉 0x
46.                strUnPack = strUnPack + '0x{:02X}'.format(item)[2:]
47.                strUnPack = strUnPack + " "
48.            self.unpackDoutLineEdit.setText(strUnPack)
```

步骤 5：完善 main.py 文件

双击打开 main.py 文件，删除文件原有的代码，在文件中添加如程序清单 4-4 所示的代码。

程序清单 4-4

```
1.    from PyQt5.Qt import *
2.    import sys
3.    from packUnpack import *
4.
5.    if __name__ == '__main__':
6.        app = QApplication(sys.argv)
7.        window = MainWindow()
8.        window.show()
```

9.　　　　sys.exit(app.exec_())

　　步骤 6：编译运行验证程序

　　单击按钮运行程序，单击"打包"按钮，再单击"解包"按钮，验证是否能还原为裸数据，如图 4-16 所示。如果解包后的数据与裸数据一致，则说明当前的打包和解包操作成功。

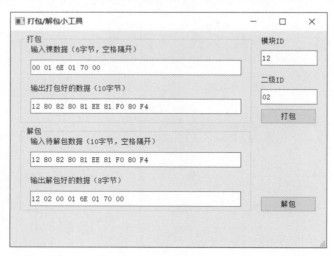

图 4-16　打包/解包程序验证

 本章任务

　　按照 PCT 通信协议规定，模块 ID 的最高位固定为 0，这意味着其取值范围只能在 0x00～0x7F 之间。在进行程序验证时，如果在模块 ID 编辑框中输入的值大于 7F，会出现什么情况？经过验证后发现，此时在打包结果显示区仍然会显示数据，显然这不符合 PCT 通信协议，尝试解决该问题，实现当模块 ID 不在规定范围内时，弹出错误提示信息，并要求重新输入。

本章习题

　　1．根据 PCT 通信协议，模块 ID 和二级 ID 分别有多少种？

　　2．PCT 通信协议规定的第 7 项提到，二级 ID 的最高位固定为 1，那么当一组待打包数据的二级 ID 小于 0x80 时，这组数据能否通过打包/解包小工具打包得到正确结果？为什么？

　　3．在遵循 PCT 通信协议的前提下，随机写一组数据，手动推演得出打包/解包结果，熟练掌握基于 PCT 通信协议的具体打包/解包流程。

第 5 章 串口通信小工具设计

基于 PyQt5 的人体生理参数监测系统软件，作为人机交互平台，既要显示五大生理参数（体温、血氧、呼吸、心电、血压），又要作为控制中心，发送控制命令（如启动血压测量、停止血压测量等）到人体生理参数监测系统硬件平台。人体生理参数监测系统硬件平台与人体生理参数监测系统软件之间的通信通常采用串口方式。本章重点介绍串口通信，并通过开发一个简单的串口通信小工具来详细介绍串口通信的实现方法，为后续的开发打好基础。

5.1 实验内容

学习串口通信相关知识点，了解串口通信的过程，之后通过 PyQt5 完成串口通信小工具的界面布局，并依据本章实验步骤完善底层驱动程序，设计出一个可实现串口通信的应用程序。

5.2 实验原理

5.2.1 串口通信相关知识点

1. QSerialPortInfo 类

QSerialPortInfo 类是一个串口的辅助类，主要提供系统现有串口的相关信息。该类中的静态函数（QList<QSerialPortInfo> availablePorts()，将在后面详细介绍）生成了一个存储 QSerialPortInfo 对象的 QList，该 QList 中的每个 QSerialPortInfo 对象分别包含各个可用串口的信息，如串口号（COM）、系统位置、描述和制造商等。

通过 QSerialPortInfo 类的 availablePorts()方法先返回一个 QList<QSerialPortInfo>，然后通过 foreach 遍历，将每个可用串口都添加到 comboBox 组合框中。

可以调用静态函数 QList<QSerialPortInfo> availablePorts()，来获取系统的每个可用串口信息。QSerialPortInfo 类的对象还可以用作 QSerialPort 类的 setPort()方法的输入参数。

2. QSerialPort 类

通常先利用 QSerialPortInfo 类获取可用的串口列表，创建 QSerialPort 类对象，并通过 setPort()或 setPortName()方法设置串口，然后通过 open()方法打开串口，其方法原型为 bool QSerialPort::open(OpenMode mode)，参数 mode 有 3 个可选值：QIODevice::ReadOnly（只读）、QIODevice::WriteOnly（只写）和 QIODevice::ReadWrite（可读可写）。串口成功打开后，

QSerialPort 会尝试确认串口的当前配置并自行初始化。可以使用 setBaudRate()、setDataBits()、setParity()、setStopBits()和 setFlowControl()方法配置串口的波特率、数据位、校验和、停止位和控制流模式。串口配置完成后，可以使用 write()方法向串口写入数据，或使用 read()和 readAll()方法从串口读取数据。此外，还可以使用 clear()方法清除串口缓存的数据，使用 close()方法关闭串口，使用 deleteLater()方法销毁串口对象。注意，使用 clear()和 close()方法时，串口必须为打开状态。

3. 串口通信基本流程

串口通信基本流程如图 5-1 所示。

图 5-1　串口通信基本流程

5.2.2　定时器事件 timerEvent()

timerEvent()是 QObject 内置的事件，用于执行定时器定时完成的任务，所有继承自 QObject 的类都可以使用。

要产生 timerEvent()，就需要使用 startTimer()方法开启定时器，该方法返回一个 int 类型的 ID 号，而 killTimer(timerId)方法用于停止 ID 号为 timerId 的定时器。当一个程序中存在多个定时器时，timerEvent(QTimerEvent *event)可以通过 event->timerId()来判断哪个定时器发出了事件。

5.2.3　虚拟串口

虚拟串口是计算机上用软件虚拟出来的串口，并不是物理上有形的串口。在操作系统中安装一个驱动软件，让操作系统认为有一个物理上的串口能够操作和通信，但这个串口在物理上并不存在。下面安装用于创建虚拟串口的软件。

双击本书配套资料包 "02.相关软件\VSPD" 文件夹中的 vspd.exe 文件，在弹出的如图 5-2 所示的对话框中，单击 OK 按钮。如图 5-3 所示，单击 Next 按钮。

图 5-2　安装虚拟串口步骤 1

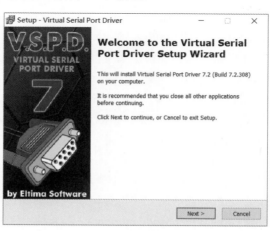

图 5-3　安装虚拟串口步骤 2

然后，连续单击 Next 按钮，直到出现如图 5-4 所示的对话框，单击 Install 按钮。
如图 5-5 所示，单击 Finish 按钮。

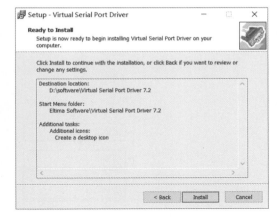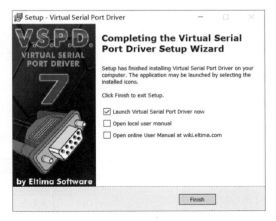

图 5-4　安装虚拟串口步骤 3　　　　　　　　图 5-5　安装虚拟串口步骤 4

Configure Virtual Serial Port Driver 软件的用法如图 5-6 所示。先选择两个串口号（如 COM2 和 COM3），然后单击 Add pair 按钮即可将这两个串口配置为一对虚拟串口。

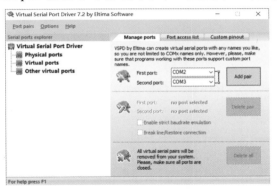

图 5-6　创建一对虚拟串口

在 Virtual ports 目录下将出现 COM2 和 COM3，如图 5-7 所示，表示已成功创建一对虚拟串口。

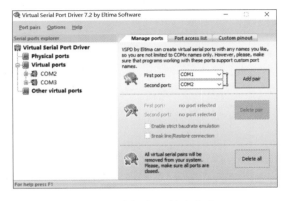

图 5-7　虚拟串口创建成功

5.2.4 设计框图

串口通信小工具设计框图如图 5-8 所示。

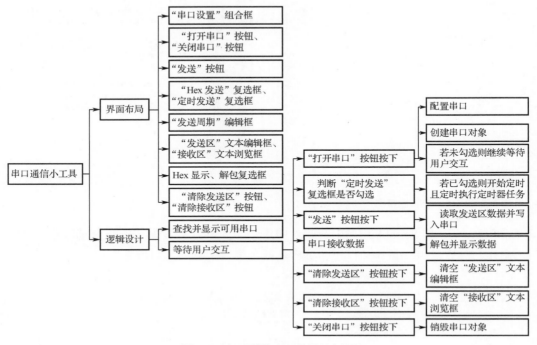

图 5-8 串口通信小工具设计框图

5.2.5 界面介绍

SerialPortDemo 项目的最终布局界面如图 5-9 所示。本实验中串口数据的收发是在配对的串口之间进行的，通过虚拟串口工具生成一对虚拟串口，串口通信小工具和另一个串口工具（如SSCOM）分别选中其中一个串口号，将串口参数调整一致，便可相互传递数据。因此，在使用串口通信小工具之前，需要对串口的参数进行配置，包括串口号、波特率、数据位、停止位和校验位。

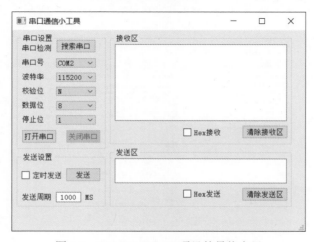

图 5-9 SerialPortDemo 项目的最终布局

波特率等参数都有常用的值，通过 Combo Box 控件的下拉列表进行选择。例如，从工具箱中将 Combo Box 控件拖入窗口固定位置后，双击选中的 Combo Box 控件，并在弹出的编辑组合框窗口中单击 ✚ 按钮，添加波特率的常见值，如图 5-10 所示。同理，数据位的常见值为 8、7；停止位的常见值为 1、1.5、2；校验位的常见值为 NONE、ODD、EVEN。

图 5-10　波特率选项

SerialPortDemo 界面的控件属性设置如表 5-1 所示。

表 5-1　SerialPortDemo 界面的控件属性设置

控件类型	objectName	title	Text	列表值
Group Box	serialSetGroupBox	串口设置		
Label	serialSearchLabel		串口检测	
Push Button	serialSearchButton		搜索串口	
Label	uartNumLabel		串口号	
Combo Box	uartNumComboBox			COM1
Label	baudRateLabel		波特率	
Combo Box	baudRateComboBox			115200，76800，57600，38400，19200，14400，9600，4800
Label	parityLabel		校验位	
Combo Box	parityComboBox			N，O，E
Label	dataBitsLabel		数据位	
Combo Box	dataBitsComboBox			8，7
Label	stopBitsLabel		停止位	
Combo Box	stopBitsComboBox			1，1.5，2
Push Button	openUARTButton		打开串口	
Push Button	closeUARTButton		关闭串口	
Group Box	sendSetGroupBox	发送设置		

续表

控件类型	objectName	title	Text	列表值
Check Box	sendCheckBox		定时发送	
Push Button	sendButton		发送	
Label	sendCycleLabel		发送周期	
Line Edit	timeCycleLineEdit		1000	
Label	MSLabel		MS	
Group Box	receiveGroupBox	接收区		
Text Browser	receiveTextBrowser			
Check Box	showHexCheckBox		Hex 接收	
Push Button	clearReceiveButton		清除接收区	
Group Box	sendGroupBox	发送区		
Text Edit	sendPlainTextEdit			
Check Box	hexCheckBox		Hex 发送	
Push Button	clearSendButton		清除发送区	

5.3 实验步骤

步骤 1：复制基准项目

首先将本书配套资料包中的"04.例程资料\Material\02.SerialPortDemo"文件夹复制到"D:\PyQt5Project"目录下，然后通过 PyCharm 打开项目。

步骤 2：新建并完善 serialPort.py 文件

在新建 serialPort.py 文件之前，需要先安装串口模块，打开 DOS 命令提示符窗口，输入"pip install pyserial"命令进行安装，如图 5-11 所示。

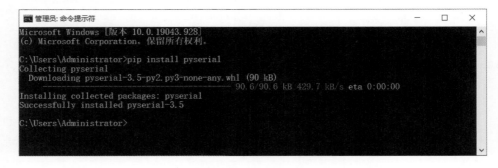

图 5-11 安装串口模块

安装好串口模块后，在 PyCharm 中，右键单击项目名，在右键快捷菜单中选择"新建"→"Python 文件"命令，新建 serialPort.py 文件。然后双击打开新建的 serialPort.py 文件，在文件中添加如程序清单 5-1 所示的代码。

程序清单 5-1

```
1.    from PyQt5 import QtWidgets
2.    from serialPort_ui import Ui_MainWindow
3.    from PyQt5.QtCore import QTimer
4.    from PyQt5.QtWidgets import QMessageBox
5.    import serial
6.    import serial.tools.list_ports
7.    from PyQt5.QtSerialPort import QSerialPortInfo
8.
9.
10.   class SerialPort(QtWidgets.QMainWindow, Ui_MainWindow):
11.       def __init__(self):
12.           super(SerialPort, self).__init__()
13.           self.setupUi(self)
14.           self.init()
15.           self.ser = serial.Serial()
16.           self.serialSearch()
17.
18.       def init(self):
19.           # 搜索串口
20.           self.serialSearchButton.clicked.connect(self.serialSearch)
21.           # 打开串口
22.           self.openUARTButton.clicked.connect(self.serialOpen)
23.           # 关闭串口
24.           self.closeUARTButton.clicked.connect(self.serialClose)
25.           # 发送
26.           self.sendButton.clicked.connect(self.sendData)
27.           # 定时发送
28.           self.sendTimer = QTimer(self)
29.           self.sendTimer.timeout.connect(self.sendData)
30.           self.sendCheckBox.stateChanged.connect(self.circularSendData)
31.           # 接收数据
32.           self.receiveTimer = QTimer(self)
33.           self.receiveTimer.timeout.connect(self.receiveData)
34.           # 清除发送区
35.           self.clearSendButton.clicked.connect(self.clearSendData)
36.           # 清除接收区
37.           self.clearReceiveButton.clicked.connect(self.clearReceiveData)
```

在 init(self)方法后面，添加"搜索串口""打开串口""关闭串口"这 3 个按钮单击信号的槽函数，如程序清单 5-2 所示。

程序清单 5-2

```
1.    # "搜索串口"按钮单击信号的槽函数
2.    def serialSearch(self):
3.        port_lsit = QSerialPortInfo.availablePorts()    # 获取有效的串口号
```

```
4.        if len(port_lsit) >= 1:
5.            self.uartNumComboBox.clear()                    # 清空串口下拉列表
6.            # 通过 for 循环将有效的串口号添加到串口下拉列表中
7.            for i in port_lsit:
8.                self.uartNumComboBox.addItem(i.portName())
9.
10.    # "打开串口"按钮单击信号的槽函数
11.    def serialOpen(self):
12.        # 获取当前串口的配置
13.        self.ser.port = self.uartNumComboBox.currentText()
14.        self.ser.baudrate = int(self.baudRateComboBox.currentText())
15.        self.ser.parity = self.parityComboBox.currentText()
16.        self.ser.bytesize = int(self.dataBitsComboBox.currentText())
17.        self.ser.stopbits = int(self.stopBitsComboBox.currentText())
18.        try:
19.            self.ser.open()                                # 尝试打开串口
20.        except:
21.            QMessageBox.critical(self, "Error", "串口打开失败")
22.            return
23.        # 开启串口接收数据的定时器
24.        self.receiveTimer.start(2)
25.        # 成功打开串口后使"打开串口"按钮不可用，使能"关闭串口"按钮
26.        if self.ser.isOpen():
27.            self.openUARTButton.setEnabled(False)
28.            self.closeUARTButton.setEnabled(True)
29.
30.    # "关闭串口"按钮单击信号的槽函数
31.    def serialClose(self):
32.        self.receiveTimer.stop()
33.        self.sendTimer.stop()
34.        try:
35.            self.ser.close()
36.        except:
37.            pass
38.        self.openUARTButton.setEnabled(True)
39.        self.closeUARTButton.setEnabled(False)
40.        self.timeCycleLineEdit.setEnabled(True)
```

在 serialClose(self)方法后面，添加"发送"和"定时发送"两个按钮单击信号的槽函数，如程序清单 5-3 所示。

程序清单 5-3

```
1.    # "发送"按钮单击信号的槽函数
2.    def sendData(self):
3.        if self.ser.isOpen():
4.            inputString = self.sendPlainTextEdit.toPlainText()
5.            # 发送区的字符串非空
```

```
6.          if inputString != "":
7.              if self.hexCheckBox.isChecked():
8.                  inputString = inputString.strip()  # 去除数据前后空格
9.                  sendList = []
10.                 # 根据指定的输入格式，将字符串转换为十六进制数据
11.                 while inputString != '':
12.                     try:
13.                         num = int(inputString[0:2], 16)
14.                     except ValueError:
15.                         QMessageBox.critical(self, 'wrong data', '请输入十六进制数据，以空格分开!')
16.                         return None
17.                     # 去除前两个字符，以及第 2 个字符后的空格，覆盖原字符串
18.                     inputString = inputString[2:].strip()
19.                     sendList.append(num)
20.                 inputString = bytes(sendList)  # 转换为字节类型
21.             else:
22.                 # ascii 发送
23.                 inputString = (inputString + '\r\n').encode('utf-8')
24.             # 发送数据
25.             self.ser.write(inputString)
26.         else:
27.             pass
28.
29. # 循环发送
30. def circularSendData(self):
31.     if self.sendCheckBox.isChecked():
32.         self.sendTimer.start(int(self.timeCycleLineEdit.text()))
33.         self.timeCycleLineEdit.setEnabled(False)
34.     else:
35.         self.sendTimer.stop()
36.         self.timeCycleLineEdit.setEnabled(True)
```

在 circularSendData(self)方法后面添加接收串口数据的定时器任务，如程序清单 5-4 所示。

程序清单 5-4

```
1.  # 接收串口数据
2.  def receiveData(self):
3.      try:
4.          num = self.ser.inWaiting()
5.      except:
6.          try:
7.              self.ser.close()
8.          except:
9.              pass
10.         return None
11.     if num > 0:
12.         data = self.ser.read(num)
13.         num = len(data)
```

```
14.          # hex 显示
15.          if self.showHexCheckBox.checkState():
16.              out_s = ''
17.              for i in range(0, len(data)):
18.                  out_s = out_s + '{:02X}'.format(data[i]) + ' '
19.              self.receiveTextBrowser.insertPlainText(out_s)
20.          else:
21.              # 串口接收到的字符串为 b'123'，要转化成 unicode 字符串才能输出到窗口中
22.              self.receiveTextBrowser.insertPlainText(data.decode('iso-8859-1'))
23.
24.          # 获取到 text 光标
25.          textCursor = self.receiveTextBrowser.textCursor()
26.          # 滚动到底部
27.          textCursor.movePosition(textCursor.End)
28.          # 设置光标到 text 中
29.          self.receiveTextBrowser.setTextCursor(textCursor)
30.      else:
31.          pass
```

最后，在 receiveData(self) 方法后面添加"清空发送区"和"清空接收区"两个按钮单击信号的槽函数，如程序清单 5-5 所示。

程序清单 5-5

```
1.  # "清空发送区"按钮单击信号的槽函数
2.  def clearSendData(self):
3.      self.sendPlainTextEdit.setText("")
4.
5.  # "清空接收区"按钮单击信号的槽函数
6.  def clearReceiveData(self):
7.      self.receiveTextBrowser.setText("")
```

步骤 3：完善 main.py 文件

双击打开 main.py 文件，删除文件原有的代码，添加如程序清单 5-6 所示的代码。

程序清单 5-6

```
1.  from PyQt5.Qt import *
2.  import sys
3.  from serialPort import *
4.
5.  if __name__ == '__main__':
6.      app = QApplication(sys.argv)
7.      window = SerialPort()
8.      window.show()
9.      sys.exit(app.exec_())
```

步骤 4：编译运行验证程序

先通过虚拟串口软件生成两个虚拟串口，即 COM2 和 COM3。然后双击打开本书配套资

料包中的"03.PyQt5 应用程序\02.SerialPortDemo\main.exe"串口通信小工具，串口号选择 COM2，调整串口配置参数，波特率为 115200、数据位为 8、停止位为 1、校验位为 NONE，单击"打开串口"按钮，打开串口后，便已准备好需要的环境。

单击▶按钮运行程序，在打开的程序中，串口号选择 COM3，串口配置参数与 main.exe 串口通信小工具一致。单击"打开串口"按钮，在"发送区"中输入 1234，单击"发送"按钮，便可以在 main.exe 串口通信小工具的"接收区"中接收到相同的数据。同样，在 main.exe 串口通信小工具的"发送区"中输入 5678，单击"发送"按钮，在串口通信小工具的"接收区"中也收到相同的数据。演示效果如图 5-12 和图 5-13 所示。注意，使用完之后需要关闭串口，并删除在虚拟串口软件中生成的两个虚拟串口，释放资源。

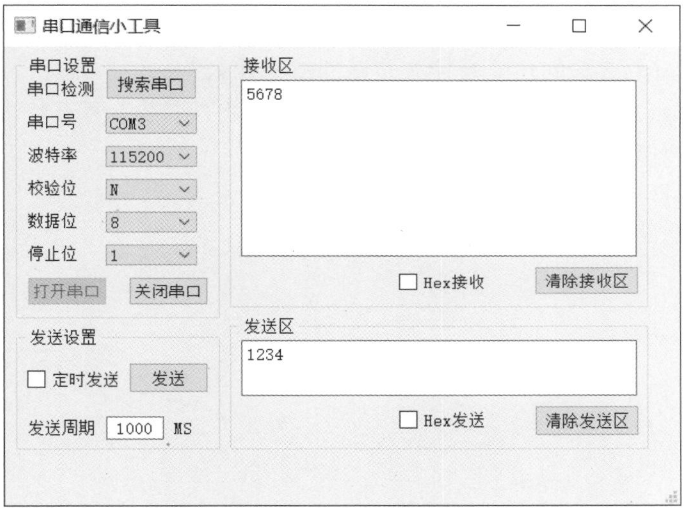

图 5-12　串口通信小工具演示效果 1

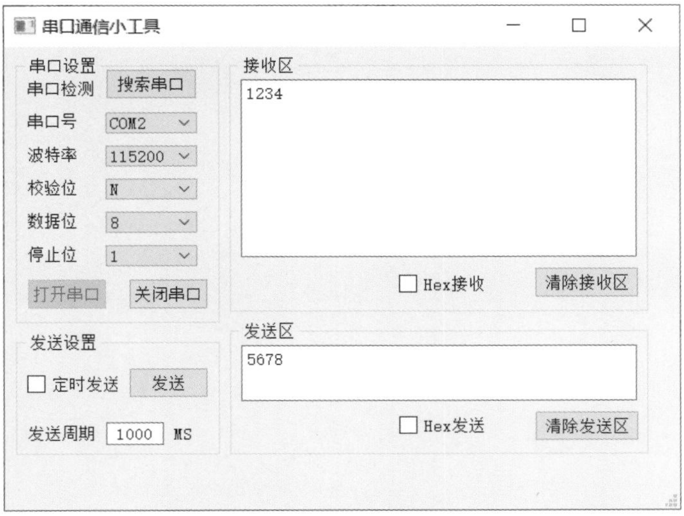

图 5-13　串口通信小工具演示效果 2

本章任务

    基于本章实验进行修改，结合 PCT 通信协议，实现对串口数据的解包。要求通过串口工具发送一个数据包（12 80 82 80 81 EE 81 F0 80 F4），串口通信小工具在接收到数据包后对数据包进行解包，然后将解包结果显示在串口通信小工具的发送区中，再将解包结果发送给串口工具。

 本章习题

1. availablePorts()方法的功能是什么？返回值是什么？
2. 在使用 open()方法打开串口时，常用的输入参数有哪些？各有什么含义？
3. 简述串口通信的基本流程。
4. 简述虚拟串口的含义及作用。
5. 简述串口通信的基本流程。

第6章　波形处理小工具设计

基于 PyQt5 的人体生理参数监测系统软件不仅能实现五大生理参数（体温、血压、呼吸、血氧、心电）的相关参数值的显示，还能通过处理心电、血氧和呼吸的数据实现心电、血氧和呼吸的动态波形的显示。本章主要介绍文件的读取与保存、数据的动态和静态显示。在 PyQt5 中，可以通过 QFileDialog 类和 QFile 类进行文件的读取与保存操作；通过 QChart 类绘制波形，如果需要动态地显示波形，则可通过 QTimer 类创建定时器对象来实现。本章将通过开发一个波形处理小工具，详细介绍文件的读取与保存操作，以及绘图和定时器的相关方法。

6.1　实验内容

学习 PyQt5 中与文件读取和保存相关的类（QFileDialog 类和 QFile 类），以及与绘图相关的类（QChart 类）。设计一个具有以下功能的波形处理小工具：①可以加载表格文件的数据；②在静态显示模式下，将加载的数据显示到文本显示区和波形显示区；③在动态显示模式下，根据加载的数据显示动态的波形；④可以将文本显示区中的数据保存到新建的表格文件中。

6.2　实验原理

6.2.1　设计框图

波形处理小工具设计框图如图 6-1 所示。

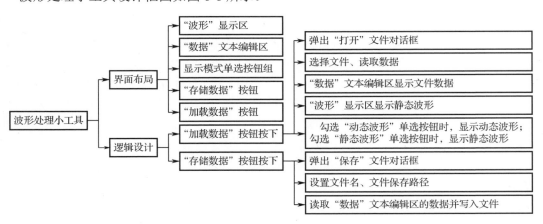

图 6-1　波形处理小工具设计框图

6.2.2 文件读/写与保存

在进行文件的读/写与保存操作时，常用到 QFileDialog 类和 QFile 类。

1. QFileDialog 类

QFileDialog 类提供了一个对话框，使用户可以遍历文件系统以选择一个或多个文件或目录。创建 QFileDialog 类最简单的方式是使用 getOpenFileName()方法，该方法原型如下：getOpenFileName(parent: QWidget = None, caption: str = '', directory: str = '', filter: str = '', initialFilter: str = '', options: Union[QFileDialog.Options, QFileDialog.Option] = 0)。

其中，参数 parent 指定父组件；参数 caption 指定对话框的标题；参数 directory 指定显示对话框时默认打开的目录；参数 filter 指定文件过滤器，根据文件后缀过滤文件，只显示指定后缀的文件，如 CSV Files(*.csv)显示.csv 文件；参数 initialFilter 为默认选择的过滤器，指向 filter；参数 options 指定对话框的运行模式，如只显示文件夹等。参数 initialFilter 和 options 可以省略。

filter 指定多个过滤器时，使用空格隔开，常用示例如下所示。

```
filename, _ = QFileDialog.getOpenFileName(self, '选择文件', os.getcwd(), "CSV Files(*.csv *.txt)")
```

打开一个对话框，标题为"选择文件"，os.getcwd()返回当前应用程序所在的路径，并且仅显示后缀为.csv 和.txt 的文件。

当通过以上方式获取到要读/写的文件后，可以通过内置的 open()方法来对文件进行读/写操作，示例如下所示。

```
global message
for line in open(filename, 'r'):
    rs = line.replace('\n', ' ')
    message.append(rs)
```

其中，filename 为要读/写的文件，'r'表示文件为只读模式，常用的模式还有'w'（只写）、'x'（创建一个新文件，只写）、'a'（只写，在文件的末尾追加）、'+'（可读可写）。

2. QFile 类

QFile 类提供用于读取与写入文件的接口。常用方法有以下两种。

（1）QFile::QFile(const QString &name)：构造一个以 name 为文件名的 QFile 对象。

（2）bool QFile::open(OpenMode mode)：打开文件，参数 open 指定打开模式，可选值为 QIODevice::ReadOnly、QIODevice::WriteOnly 或 QIODevice::ReadWrite，还可能具有其他标志，如 QIODevice::Text 和 QIODevice::Unbuffered。注意，当指定打开模式为 WriteOnly 或 ReadWrite 时，如果即将打开的文件尚不存在，则此方法将尝试在打开文件之前先创建它，示例如下所示。

```
file = QFile('数据.txt')
if not file.open(QIODevice.ReadOnly | QIODevice.Text):
    return
```

打开文件后，通常使用 QDataStream 类或 QTextStream 类读/写数据，也可以调用 QIODevice 类的 read()、readLine()、readAll()和 write()等方法读/写数据，示例如下所示。

```
data = QTextStream(file)
while not data.atEnd():
    line = data.readLine()
    process_line(line)
```

对文件操作完成后，通常需要使用 close()方法关闭文件。

6.2.3　绘制曲线图

Qt 提供了组件库 QtCharts，便于在程序开发过程中进行图表绘制。QtCharts 中包含折线、曲线、饼状图、柱状图、散点图、雷达图等常用的图表。

使用 QtCharts 绘制图表，主要分为以下 4 部分。

1．坐标轴（QAbstractAxis 类）

图表通常带有坐标轴，在 Qt 的图表中，有 X、Y 轴对象。本实验使用的 QValueAxis 类继承自 QAbstractAxis 类，用于设置值轴以显示带有刻度线、网格线和阴影的轴线。轴上的值显示在刻度线的位置，可以用 setRange()方法设置坐标轴的值范围。

2．系列（QAbstractSeries 类）

无论是曲线、饼状图、柱状图还是其他图表，其中展示的内容本质上都是数据。一条曲线对应一组数据，一个饼状图也对应一组数据。在 QtCharts 中，这样的一组数据称为系列。对应不同类型的图表，Qt 提供了不同的系列。系列除了负责存储、访问数据，还提供数据的绘制方法，例如折线图与曲线图分别对应 QLineSeries 和 QSPLineSeries。系列中的数据需要基于坐标轴才能完成在图表中的定位，系列关联坐标轴的方法是 attachAxis()。

3．图表（QChart 类）

Qt 提供了 QChart 类来封装上述坐标轴和系列等对象。QChart 类承担组织和管理的职责，可以从 QChart 类中获取坐标轴对象、数据系列对象、图例等，并且可以设置图表的主题、背景色等样式信息。常用方法有以下 3 种。

（1）addSeries()：将系列添加到图表中。

（2）addAxis()：将坐标轴添加到图表中。

（3）setMargins()：设置边界。

4．视图（QChartView 类）

QChart 类只负责图表内容的组织和管理，而图表的显示由视图负责，这个视图就是 QChartView 类。QChartView 类继承自 QGraphicsView 类，它提供了面向 QChart 的接口，例如使用 setChart(QChart*)方法绑定 QChart 和 QChartView 类。

6.2.4　界面介绍

ProDataDemo 项目的最终布局界面如图 6-2 所示，其中"波形"显示区使用了 Label 控件；"数据"显示区使用了 Text Edit 控件；"静态波形"和"动态波形"单选按钮使用了 Radio Button 控件，同时将控件置于 Group Box 控件中；"存储数据"和"加载数据"按钮使用了 Push Button 控件。

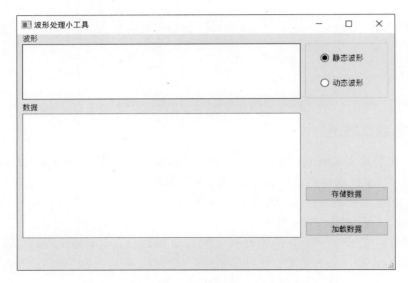

图 6-2　ProDataDemo 项目的最终布局

ProDataDemo 界面的控件属性设置如表 6-1 所示。

表 6-1　ProDataDemo 界面的控件属性设置

控件类型	objectName	Text
Label	waveLabel	波形
Label	waveShowLabel	TextLabel
Label	dataLabel	数据
Text Edit	dataPlainTextEdit	
Line Edit	packDoutLineEdit	
Group Box	waveStyleGroupBox	
Radio Button	staticRadioButton	静态波形
Radio Button	dynamicRadioButton	动态波形
Push Button	saveDataButton	存储数据
Push Button	readDataButton	加载数据

6.3　实验步骤

步骤 1：复制基准项目

先将本书配套资料包中的"04.例程资料\Material\03.ProDataDemo"文件夹复制到"D:\PyQt5Project"目录下，然后通过 PyCharm 打开项目。

步骤 2：新建并完善 DrawWave.py 文件

首先右键单击项目名，在右键快捷菜单中选择"新建"→"Python 文件"命令，新建一个 DrawWave.py 文件。然后双击打开新建的 DrawWave.py 文件，在文件中添加如程序清单 6-1 所示的代码。

程序清单 6-1

```
1.    from PyQt5 import QtWidgets
2.    from DrawWave_ui import Ui_MainWindow
3.    import os
4.    from PyQt5.QtWidgets import QFileDialog
5.    from PyQt5.QtCore import QTimer, Qt, QRect, QPoint
6.    from PyQt5.QtGui import QPainter, QPixmap, QPen
7.
8.    # 保存读入文件数据
9.    message = []
10.
11.   class DrawWave(QtWidgets.QMainWindow, Ui_MainWindow):
12.       def __init__(self):
13.           super(DrawWave, self).__init__()
14.           self.setupUi(self)
15.           self.waveShowLabel.setStyleSheet("border:1px solid black;")
16.           self.readDataButton.clicked.connect(self.openfile)
17.           self.saveDataButton.clicked.connect(self.savefile)
18.           self.drawWavaTimer = QTimer()
19.           self.drawWavaTimer.timeout.connect(self.drawWave)
20.           self.staticRadioButton.clicked.connect(self.stop)
21.           self.dynamicRadioButton.clicked.connect(self.start)
22.           # 画图部分
23.           self.pixmap = QPixmap(self.waveShowLabel.width(), self.waveShowLabel.height())
24.           self.mECGStep = 0
25.           self.mListStep = 0
26.           self.maxlength = self.waveShowLabel.width()
27.           self.maxheight = self.waveShowLabel.height()
28.           # 初始化画布
29.           self.pixmap.fill(Qt.white)
30.           self.waveShowLabel.setPixmap(self.pixmap)
31.           self.painter = QPainter(self.pixmap)
```

在__init__(self)方法后面添加 openfile(self)和 savefile(self)方法的实现代码，如程序清单 6-2 所示。在 openfile(self)方法中，首先打开选中的文件，然后通过 for 循环将文件中的所有换行符替换为空格后再添加到 message 中，最后在界面的文本框中显示 message 的数据；在 savefile(self)方法中，将界面文本框中的数据存储到选中的文件中。

程序清单 6-2

```
1.    def openfile(self):
2.        filename, _ = QFileDialog.getOpenFileName(self, '选择文件', os.getcwd(), "CSV Files(*.csv)")
3.        if len(filename) == 0:
4.            return
5.        global message
6.        for line in open(filename, 'r'):
7.            rs = line.replace('\n', ' ')
8.            message.append(rs)
```

```
9.          self.dataPlainTextEdit.setText(''.join(message))
10.
11.    def savefile(self):
12.        filename, _ = QFileDialog.getOpenFileName(self, '选择文件', os.getcwd(), "All File(*);;Text Files(*.txt)")
13.        if len(filename) == 0:
14.            return
15.        with open(filename, 'w') as file:
16.            file.write(self.dataPlainTextEdit.toPlainText().lstrip().rstrip().replace(' ', '\n'))
```

在 savefile(self)方法后面，添加 drawWave(self)方法的实现代码，用于对波形数据进行绘制，如程序清单 6-3 所示。

程序清单 6-3

```
1.    def drawWave(self):
2.        # 每次需要画的数据个数
3.        iECGCnt = 10
4.        try:
5.            if len(message) < iECGCnt:
6.                return
7.        except:
8.            return
9.        # 设置需要画的区域
10.        self.painter.setBrush(Qt.white)
11.        self.painter.setPen(QPen(Qt.white, 1, Qt.SolidLine))
12.        if iECGCnt >= self.maxlength - self.mECGStep:
13.            # 后半部分描白
14.            rct = QRect(self.mECGStep, 0, self.maxlength - self.mECGStep, self.maxheight)
15.            self.painter.drawRect(rct)
16.            # 前面开始部分描白
17.            rct = QRect(0, 0, 10 + iECGCnt + self.mECGStep - self.maxlength, self.maxheight)
18.            self.painter.drawRect(rct)
19.        else:
20.            # 指定部分描白
21.            rct = QRect(self.mECGStep, 0, iECGCnt + 10, self.maxheight)
22.            self.painter.drawRect(rct)
23.        # 设置画笔
24.        self.painter.setPen(QPen(Qt.black, 2, Qt.SolidLine))
25.        # 画图
26.        i = 0
27.        while i < iECGCnt:
28.            point1 = QPoint(self.mECGStep, self.maxheight / 2 - (int(message[self.mListStep], 10) - 2048) / 18)
29.            point2 = QPoint(self.mECGStep + 1, self.maxheight / 2 - (int(message[self.mListStep + 1], 10) - 2048) / 18)
30.            self.painter.drawLine(point1, point2)
31.            self.mECGStep += 1
32.            self.mListStep += 1
33.            i += 1
34.            if self.mECGStep >= self.maxlength:
35.                self.mECGStep = 0
36.            if self.mListStep + 1 >= len(message):
```

```
37.          self.mListStep = 0
38.      # 更新波形
39.      self.waveShowLabel.setPixmap(self.pixmap)
```

在 drawWave(self)方法后面，添加 start(self)和 stop(self)方法的实现代码，分别用于控制波形绘制定时器的开启和停止。在 stop(self)方法中，若当前 message 列表中的数据长度不小于 10，则在"波形"区中将 message 中的数据绘制出来，如程序清单 6-4 所示。

程序清单 6-4

```
1.  def start(self):
2.      if self.drawWavaTimer.isActive():
3.          print('timer is Active')
4.      else:
5.          self.drawWavaTimer.start(20)
6.
7.  def stop(self):
8.      if self.drawWavaTimer.isActive():
9.          self.drawWavaTimer.stop()
10.     else:
11.         print('timer is stopped')
12.     try:
13.         if len(message) < 10:
14.             return
15.     except:
16.         return
17.     # 先清除画布
18.     self.pixmap.fill(Qt.white)
19.     self.waveShowLabel.setPixmap(self.pixmap)
20.     # 画图
21.     self.painter.setBrush(Qt.white)
22.     self.painter.setPen(QPen(Qt.black, 2, Qt.SolidLine))
23.     i = 0
24.     step = 0
25.     while i < self.waveShowLabel.width():
26.         self.painter.drawLine(step, self.waveShowLabel.height() / 2 - (int(message[i], 10) - 2048) / 18, step + 1, self.waveShowLabel.height() / 2 - (int(message[i + 1], 10) - 2048) / 18)
27.         i += 1
28.         step += 1
29.     # 更新波形
30.     self.waveShowLabel.setPixmap(self.pixmap)
```

步骤 3：修改 main.py 文件

双击打开 main.py 文件，删除文件中原有的代码，添加如程序清单 6-5 所示的代码。

程序清单 6-5

```
1.  from PyQt5.Qt import *
2.  import sys
```

```
3.    from DrawWave import *
4.
5.    if __name__ == '__main__':
6.        app = QApplication(sys.argv)
7.        window = DrawWave()
8.        window.show()
9.        sys.exit(app.exec_())
```

步骤 4：编译运行验证程序

单击▶按钮运行程序，在打开的波形处理小工具中单击"加载数据"按钮，在弹出的"选择文件"对话框中，选择 ECGWave1.csv 文件，然后单击"打开"按钮，将数据加载到界面中，如图 6-3 所示。

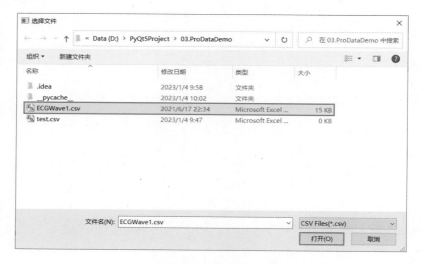

图 6-3　选择文件

成功加载数据之后，将"静态波形"切换为"动态波形"，便可看到动态的心电波形，如图 6-4 所示。

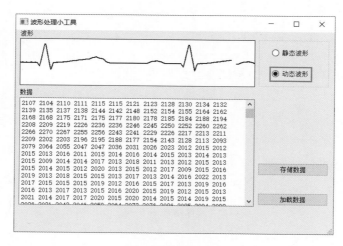

图 6-4　波形显示

　　单击"存储数据"按钮，可将当前显示的数据存储到所选择的文件中。例如，可尝试存储到 test.csv 文件中。

本章任务

　　按照本章的实验步骤完成波形处理小工具的设计后，继续增加以下功能：①尝试使用 QChart 进行绘图，在波形处理小工具的坐标轴中显示网格线；②将波形显示的颜色改为红色；③显示坐标轴的刻度值；④显示坐标轴标题为"波形显示区"。

本章习题

　　1．简述 QFileDialog 类的功能。
　　2．使用 QFile 类的 open()方法打开文件时需要指定打开模式，常用的输入参数有哪些？分别表示什么含义？
　　3．使用 QtCharts 绘制图表时，主要包括哪几部分？

第7章　人体生理参数监测系统软件界面布局

人体生理参数监测系统软件主要用于监测常规的人体生理参数，可以同时监测 5 种生理参数（心电、血氧、呼吸、体温和血压）。经过前面几章的学习，读者对界面布局有了初步了解，本章将介绍人体生理参数监测系统软件界面布局。

7.1　实验内容

布局方法有两种：①双击打开项目中的.ui 文件进入设计模式，将控件栏中的控件移入设计界面中，手动摆放控件的位置进行布局，并设置各个控件的属性；②通过编写代码，向界面添加控件、完成界面布局及设置控件属性等。由于人体生理参数监测系统涉及的控件种类和数量众多，所以无论采用哪种方式，都是一个复杂的工程。为了便于后续一系列生理参数监测实验项目的开展，本章只需将资料包中已经完成的.ui 文件添加至新建的项目中，然后向项目中添加菜单栏，完成人体生理参数监测系统软件界面布局。

7.2　实验原理

7.2.1　设计框图

人体生理参数监测系统软件界面布局设计框图如图 7-1 所示。

7.2.2　菜单栏、菜单和菜单项

本章将基于 QMainWindow 基类新建项目。QMainWindow 提供一个主应用程序窗口，通常由 5 部分组成：菜单栏、工具栏、停靠窗口、状态栏和中央窗口。本章实验主要用到中央窗口、菜单栏和状态栏 3 部分，其中，中央窗口用于放置显示五大生理参数数值和波形的控件；菜单栏提供了 4 个菜单项：串口设置、数据存储、关于和退出；状态栏提供了一个用于提示串口状态的标签。

下面主要介绍如何向菜单栏中添加菜单项，并使单击菜单项时应用程序主窗口能正常响应，弹出用于实现相应功能的子窗口。

菜单栏 QMenuBar、菜单 QMenu 和菜单项 QAction 的关系如图 7-2 所示。但这并不是菜单栏唯一的表现形式，菜单项 QAction 除了可以存在于菜单 QMenu 中，还可以直接添加在菜单栏中，如图 7-3 所示。

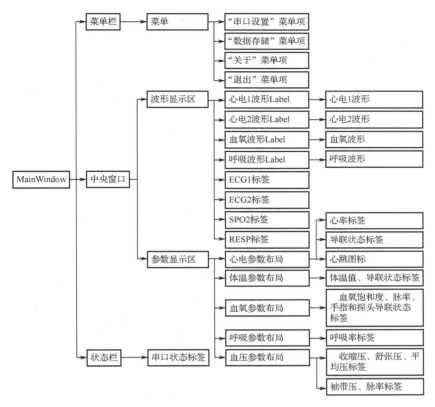

图 7-1　人体生理参数监测系统软件界面布局设计框图

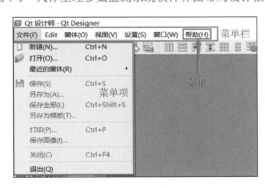

图 7-2　菜单栏、菜单、菜单项的关系

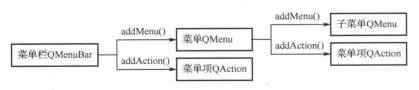

图 7-3　菜单栏结构

　　向菜单栏中添加菜单或向菜单中添加子菜单的方法为 addMenu()，向菜单栏或菜单中添加菜单项的方法为 addAction()。由于在本实验中，基于菜单栏实现的功能较为简单，因此，只需使用 addAction()方法向菜单栏中添加菜单项即可。常用的 addAction()方法的原型为

QAction *QMenuBar::addAction(const QString &text)，本实验使用该方法的重载版本：QAction *QMenuBar::addAction(const QString &text, const QObject *receiver, const char *member)。

其中，参数 text 为菜单项的文本；参数 receiver 指定一个对象 receiver。该方法可将新建菜单项的 triggered()信号关联到 receiver 对象的槽函数（由参数 member 指定），当单击菜单项时，即会触发 triggered()信号。

7.3 实验步骤

步骤 1：复制基准项目

将本书配套资料包中的"04.例程资料\Material\04.MainWindowLayout"文件夹复制到"D:\PyQt5Project"目录下。

步骤 2：复制并添加文件

先将本书配套资料包中的"04.例程资料\Material\StepByStep"文件夹下的 image 文件夹复制到"D:\PyQt5Project\04.MainWindowLayout"目录下。然后通过 PyCharm 打开项目。

步骤 3：新建并完善界面文件

打开项目后，执行菜单栏命令"工具"→"External Tools"→"QtDesigner"打开 QtDesigner 软件，然后参照 1.4.2 节创建一个界面文件，创建好的界面文件 MainWindow 的属性设置如表 7-1 所示，完成设置后将文件另存为 ParamMonitor_ui.ui。

表 7-1　MainWindow 的属性设置

属性	属性值
objectName	MainWindow
geometry	宽度：1210；高度：712

创建界面成功后，参照图 7-4 进行布局。

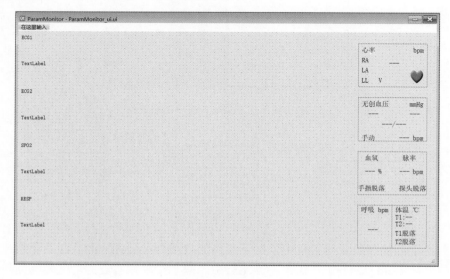

图 7-4　布局参照图

1．画图区布局

画图区分为 4 块（2 个心电画图模块、1 个血氧画图模块、1 个呼吸画图模块），每块分别由 2 个 Label 控件组成。

下面先布局其中 1 个画图模块，将 2 个 Label 控件从左侧的 Display Widgets 中拖到界面中的合适位置，按照表 7-2 进行属性设置。

表 7-2　布局画图控件属性设置表 1

控件类型	属性	属性值
Label	objectName	ecg1Label
	text	ECG1
Label	objectName	ecg1WaveLabel
	geometry	宽度：941;高度：131

布局完的第 1 个画图区即心电画图区的布局效果如图 7-5 所示。

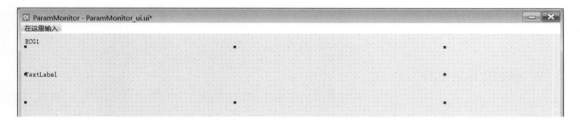

图 7-5　心电画图区的布局效果

选中已经完成属性设置的两个控件，按组合键 Ctrl+C 复制，再按组合键 Ctrl+V 粘贴三次，分别整体拖动控件进行对齐设置，同时对控件的对象名 objectName 和文本 text 进行设置，具体设置如表 7-3 所示。

表 7-3　布局画图控件属性设置表 2

控件类型	objectName	text
Label	ecg1Label	ECG1
Label	ecg2Label	ECG2
Label	spo2Label	SPO2
Label	respLabel	RESP
Label	ecg1WaveLabel	
Label	ecg2WaveLabel	
Label	spo2WaveLabel	
Label	respWaveLabel	

画图区布局结果如图 7-6 所示。

图 7-6　画图区布局结果

2. 参数显示区布局

参数显示区主要包括五大参数：心电、无创血压、血氧、呼吸和体温；涉及的控件有 Group Box 控件和 Label 控件。下面以心电参数显示区布局为例加以介绍，如图 7-7 所示。

心电参数显示区由一个 Group Box 控件组成，其中包含多个 Label 和一个红色心形图片。在进行布局之前需要添加一个资源文件，单击"资源浏览器"面板中的 ✎ 按钮，如图 7-8 所示。

图 7-7　心电参数显示区布局

在弹出的"编辑资源"对话框中，单击 ▢ 按钮新建一个资源文件，如图 7-9 所示。

图 7-8　"资源浏览器"面板

图 7-9　新建资源文件

在弹出的"新建资源文件"对话框中，将文件命名为 img.qrc，然后单击"保存"按钮，如图 7-10 所示。

图 7-10　保存资源文件

单击按钮，将前缀命名为"/new/prefix1"，如图 7-11所示。

前缀添加完成之后，单击按钮添加文件，在弹出的"添加文件"对话框中，找到"D:\PyQt5Project\04.MainWindowLayout\image"路径，然后选中所有图片文件，单击"打开"按钮添加到资源文件中，如图 7-12 所示。

图 7-11　命名前缀

图 7-12　添加文件

成功添加资源文件后的效果如图 7-13 所示，完成后单击 OK 按钮退出。

图 7-13　成功添加资源文件后的效果

添加好资源文件后，下面按照图 7-7 进行心电参数显示区布局，心电参数显示区的控件属性设置如表 7-4 所示。其中，心形图标 heartLabel 选择资源文件中的 heart.png。

表 7-4　心电参数显示区的控件属性设置

控件类型	objectName	Font	Text	pixmap	scaledContents
Group Box	ecgInfoGroupBox				
Label	heartRateTextLabel	新宋体，12pt	心率		
Label	heartRateUnitLabel	新宋体，12pt	bpm		
Label	leadRALabel	新宋体，12pt	RA		
Label	leadLALabel	新宋体，12pt	LA		
Label	leadLLLabel	新宋体，12pt	LL		
Label	leadVLabel	新宋体，12pt	V		
Label	heartRateLabel	新宋体，12pt	---		
Label	heartLabel	新宋体，12pt		heart.png	√

参考上述方法完成其他 4 个参数显示区布局。无创血压参数显示区布局如图 7-14 所示，无创血压参数显示区的控件属性设置如表 7-5 所示。

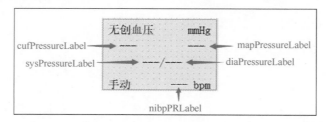

图 7-14　无创血压参数显示区布局

表 7-5　无创血压参数显示区的控件属性设置

控件类型	objectName	Font	Text
Group Box	nibpInfoGroupBox		
Label	nibpTextLabel	新宋体，12pt	无创血压

续表

控件类型	objectName	Font	Text
Label	cufPressureLabel	新宋体，12pt	---
Label	nibpUnitLabel	新宋体，12pt	mmHg
Label	mapPressureLabel	新宋体，12pt	---
Label	slashLabel	新宋体，12pt	/
Label	sysPressureLabel	新宋体，12pt	---
Label	diaPressureLabel	新宋体，12pt	---
Label	nibpModeLabel	新宋体，12pt	手动
Label	nibpPRLabel	新宋体，12pt	---
Label	nibpPRUnitLabel	新宋体，12pt	bpm

血氧参数显示区布局如图 7-15 所示，血氧参数显示区的控件属性设置如表 7-6 所示。

图 7-15　血氧参数显示区布局

表 7-6　血氧参数显示区的控件属性设置

控件类型	objectName	Font	Text
Group Box	spo2InfoGroupBox		
Label	spo2InfoLabel	新宋体，12pt	血氧
Label	labelSPO2Data	新宋体，12pt	---
Label	spo2UnitLabel	新宋体，12pt	%
Label	pulseRateLabel	新宋体，12pt	脉率
Label	labelSPO2PR	新宋体，12pt	---
Label	spo2PRUnitLabel	新宋体，12pt	bpm
Label	labelSPO2FingerOff	新宋体，12pt	手指脱落
Label	labelSPO2PrbOff	新宋体，12pt	探头脱落

呼吸和体温参数显示区布局如图 7-16 所示，呼吸参数显示区的控件属性设置如表 7-7 所示，体温参数显示区的控件属性设置如表 7-8 所示。

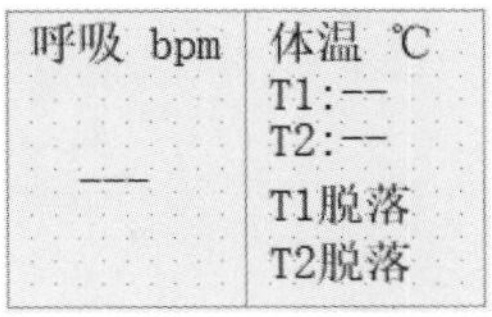

图 7-16　呼吸和体温参数显示区布局

表 7-7　呼吸参数显示区的控件属性设置

控件类型	objectName	Font	Text
Group Box	respInfoGroupBox		
Label	respUnitLabel	新宋体，12pt	呼吸 bpm
Label	respRateLabel	新宋体，12pt	--

表 7-8　体温参数显示区的控件属性设置

控件类型	objectName	Font	Text
Group Box	tempInfoGroupBox		
Label	tempUnitLabel	新宋体，12pt	体温 ℃
Label	temp1Label	新宋体，12pt	T1:
Label	temp1ValLabel	新宋体，12pt	--
Label	temp2Label	新宋体，12pt	T2:
Label	temp2ValLabel	新宋体，12pt	--
Label	temp1LeadLabel	新宋体，12pt	T1 脱落
Label	temp2LeadLabel	新宋体，12pt	T2 脱落

完成所有参数显示区的布局后，保存布局文件，回到 PyCharm，选中 ParamMonitor_ui.ui 文件，执行菜单栏命令"工具"→"External Tools"→"PyUIC"，将 ParamMonitor_ui.ui 转换为 ParamMonitor_ui.py；选中 img.qrc 文件，执行菜单栏命令"工具"→"External Tools"→"qrcTOPy"，将 img.qrc 文件转换为 img_rc.py 文件。

步骤 4：新建并完善 ParamMonitor.py 文件

右键单击项目名，在右键快捷菜单中选择"新建"→"Python 文件"命令，新建一个 ParamMonitor.py 文件。然后双击打开新建的 ParamMonitor.py 文件，在文件中添加如程序清单 7-1 所示的代码。

程序清单 7-1

```
1.    import os
2.    import sys
3.    import copy
4.    from PyQt5 import QtWidgets, QtCore
5.    from PyQt5.QtCore import QTimer, Qt, QRect, QPoint
6.    from PyQt5.QtGui import QStatusTipEvent, QMouseEvent, QPixmap, QPainter, QPen
7.    from PyQt5.QtWidgets import QMessageBox, QApplication, QAction
8.    from PyQt5 import QtGui
9.    from ParamMonitor_ui import Ui_MainWindow
10.
11.
12.   class ParamMonitor(QtWidgets.QMainWindow, Ui_MainWindow):
13.       def __init__(self):
14.           super(ParamMonitor, self).__init__()
15.           self.setupUi(self)
```

```
16.          self.init()
17.
18.      def init(self):
19.          # 配置菜单栏，并指定各菜单项单击信号的槽函数
20.          self.menu1 = QAction(self)
21.          self.menu1.setText('串口设置')
22.          self.menubar.addAction(self.menu1)
23.          self.menu2 = QAction(self)
24.          self.menu2.setText('数据存储')
25.          self.menubar.addAction(self.menu2)
26.          self.menu3 = QAction(self)
27.          self.menu3.setText('演示模式')
28.          self.menubar.addAction(self.menu3)
29.          self.menu4 = QAction(self)
30.          self.menu4.setText('关于')
31.          self.menubar.addAction(self.menu4)
32.          self.menu5 = QAction(self)
33.          self.menu5.setText('退出')
34.          self.menubar.addAction(self.menu5)
35.          # 状态栏
36.          self.statusStr = '串口未打开'
37.          self.statusBar().showMessage(self.statusStr)
38.          # 4 个画波形区的边框描黑
39.          self.ecg1WaveLabel.setStyleSheet("border:1px solid black;")
40.          self.ecg2WaveLabel.setStyleSheet("border:1px solid black;")
41.          self.spo2WaveLabel.setStyleSheet("border:1px solid black;")
42.          self.respWaveLabel.setStyleSheet("border:1px solid black;")
```

步骤 5：修改 main.py 文件

双击打开 main.py 文件，删除文件中所有的代码，在文件中添加如程序清单 7-2 所示的代码。

程序清单 7-2

```
1.   from PyQt5.Qt import *
2.   import sys
3.   from ParamMonitor import *
4.
5.   if __name__ == '__main__':
6.       app = QApplication(sys.argv)
7.       window = ParamMonitor()
8.       window.show()
9.       sys.exit(app.exec_())
```

步骤 6：编译运行验证程序

单击 ▶ 按钮运行程序，成功运行后的人体生理参数监测系统软件界面如图 7-17 所示。

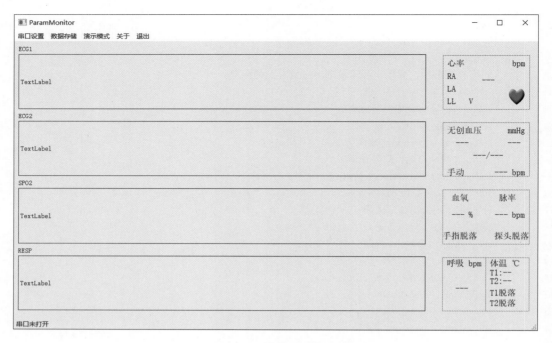

图 7-17 人体生理参数监测系统软件界面

 本章任务

　　基于对本章实验的理解，分别设计体温、血压、呼吸、血氧和心电的独立参数测量界面，为后续章节做准备。

 本章习题

　　1．界面布局的主要方法有哪些？各有什么特点？
　　2．简述 addAction()方法的作用。

第8章 体温监测与显示

完成人体生理参数监测系统软件界面的布局之后，下面完成系统的底层驱动。本章涉及的底层驱动程序包括打包/解包程序、串口通信程序及体温数据处理程序。其中，打包/解包程序与串口通信程序可以参考第4章和第5章的程序，本章重点介绍体温数据处理过程的实现。

8.1 实验内容

本章实验主要编写和完善以下功能的代码：①单击主界面的"串口设置"按钮，弹出"串口设置"窗口，可以在该窗口中进行串口设置；②在体温显示区中显示体温值和导联状态，双击该显示区后弹出"体温设置"窗口，可以在该窗口中改变体温探头的类型。

8.2 实验原理

8.2.1 体温测量原理

体温指人体内部的温度，是物质代谢转化为热能的产物。人体的一切生命活动都是以新陈代谢为基础的，而恒定的体温是保证新陈代谢和生命活动正常进行的必要条件。体温过高或过低，都会影响酶的活性，从而影响新陈代谢的正常运行，使人体的各种细胞、组织和器官的功能发生紊乱，严重时还会导致死亡。可见，体温的相对稳定，是维持机体内环境稳定、保证新陈代谢等生命活动正常进行的必要条件。

正常人体体温不是一个具体的温度值，而是一个温度范围。临床上所说的体温是指平均深部温度。一般以口腔、直肠和腋窝的体温为代表，其中直肠体温最接近深部体温。正常体温如下：口腔舌下温度为36.3～37.2℃；直肠温度为36.5～37.7℃（比口腔温度高0.2～0.5℃）；腋下温度为36.0～37.0℃。体温会因年龄、性别等的不同而在较小的范围内变动。新生儿和儿童的体温稍高于成年人；成年人的体温稍高于老年人；女性的体温平均比男性高0.3℃。同一个人的体温，一般在凌晨2～4时最低，下午2～8时最高，但体温的昼夜差别不超过1℃。

常见的体温计有3种：水银体温计、热敏电阻电子体温计和非接触式红外体温计。

（1）水银体温计虽然价格便宜，但有诸多弊端。例如，水银体温计遇热或安置不当容易破裂，人体接触水银后会中毒，而且采用水银体温计测温需要相当长的时间（5～10min），使用不便。

（2）热敏电阻通常用半导体材料制成，其体积小，而且热敏电阻的阻值随温度变化十分灵敏，因此被广泛应用于温度测量、温度控制等。热敏电阻电子体温计具有读数方便、测量精度高、能记忆、有蜂鸣器提示和使用安全方便等优点，特别适合家庭、医院等场合使用。但采用热敏电阻电子体温计测温也需要较长的时间。

（3）非接触式红外体温计是根据辐射原理通过测量人体辐射的红外线来测量温度的，它实现了体温的快速测量，具有稳定性好、测量安全、使用方便等特点。但非接触式红外体温计的价格较高、功能较少、精度不高。

本实验以热敏电阻为测温元件，实现对温度的精确测量，以及对体温探头脱落情况的实时监测。其中，模块 ID 为 0x12、二级 ID 为 0x02 的体温数据包包含由从机向主机发送的双通道体温值和探头信息，具体可参见附录 B。计算机（主机）接收到人体生理参数监测系统（从机）发送的体温数据包后，通过应用程序窗口实时显示温度值和探头脱落状态。

8.2.2　设计框图

体温监测与显示实验的设计框图如图 8-1 所示。

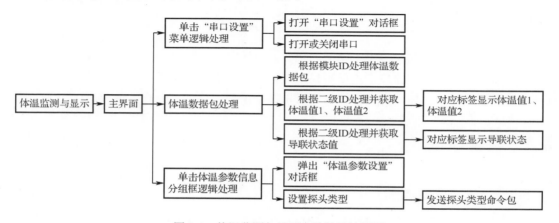

图 8-1　体温监测与显示实验的设计框图

8.2.3　事件过滤器

Qt 提供了一种特殊的机制：允许一个对象监控其他多个对象的事件，这种机制通过事件过滤器来实现。事件过滤器的核心为 QObject 类的 installEventFilter()和 eventFilter()方法，因此，监控对象的类必须继承自 QObject 类，通过重写 eventFilter()方法来接收被监控对象的事件并做选择性处理。

eventFilter()方法的原型为 bool QObject::eventFilter(QObject *watched, QEvent *event)。参数 watched 为被监控的对象，在安装了事件过滤器后，原本要发给被监控对象的事件就会先发给监控对象。被监控对象安装事件过滤器的方法是 installEventFilter()，其原型为 void QObject::installEventFilter(QObject *filterObj)，参数 filterObj 为监控对象，即实现了 eventFilter()方法的对象。一个 filterObj 可以监控多个对象，当有对象的 installEventFilter()方法被调用时，watched 即指向该对象。

在 eventFilter()方法中，可以通过 event->type()来判断事件类型，常见的事件类型有鼠标单击事件 QEvent::MouseButtonPress、鼠标双击事件 QEvent::MouseButtonDblClick、鼠标移动事件 QEvent::MouseMove 和键盘按下事件 QEvent::KeyPress 等。有关更多的事件介绍请查阅

QEvent 的帮助文档。

8.3　实验步骤

步骤 1：复制基准项目
将本书配套资料包中的"04.例程资料\Material\05.TempMonitor"文件夹复制到"D:\ PyQt5Project"目录下。

步骤 2：复制并添加文件
将本书配套资料包中的"04.例程资料\Material\StepByStep"文件夹下的 form_setuart_ui.py、form_setuart_ui.ui、form_temp_ui.py、form_temp_ui.ui 和 PackUnpack.py 文件复制到"D:\ PyQt5Project\05.TempMonitor"目录下。然后通过 PyCharm 打开项目。实际上，已经打开的 05.TempMonitor 项目是第 7 章的项目，因此也可以基于第 7 章完成的项目开展本章实验。

步骤 3：新建并完善 form_temp.py 文件
右键单击项目名，在右键快捷菜单中选择"新建"→"Python 文件"命令，新建一个 form_temp.py 文件。然后双击打开新建的 form_temp.py 文件，在文件中添加如程序清单 8-1 所示的代码。

程序清单 8-1

```
1.   from PyQt5 import QtWidgets
2.   from PyQt5.QtCore import pyqtSignal
3.   from form_temp_ui import Ui_FormTemp
4.   from PackUnpack import PackUnpack
5.
6.
7.   class FormTemp(QtWidgets.QWidget, Ui_FormTemp):
8.       # 自定义信号
9.       tempSignal = pyqtSignal(object)
10.
11.      def __init__(self):
12.          super(FormTemp, self).__init__()
13.          # 打包/解包类
14.          self.mPackUnpack = PackUnpack()
15.          # 定义数据列表，长度为 10
16.          self.dataList = [0] * 10
17.          self.setupUi(self)
18.          self.init()
19.          # 关联槽函数
20.          self.okButton.clicked.connect(self.close)
21.          self.cancelButton.clicked.connect(self.close)
22.          self.prbTypeComboBox.currentIndexChanged.connect(self.setTempPrbType)
23.
24.      def init(self):
25.          # 禁用窗口最大化，禁止调整窗口大小
```

```
26.         self.setFixedSize(self.width(), self.height())
27.
28.      # 探头类型下拉列表单击信号的槽函数
29.      def setTempPrbType(self):
30.         self.dataList[:10] = [0] * 10  # 先置 0
31.         self.dataList[0] = 0x12
32.         self.dataList[1] = 0x80
33.         self.dataList[2] = self.prbTypeComboBox.currentIndex()
34.         self.mPackUnpack.packData(self.dataList)
35.         self.tempSignal.emit(self.dataList)
```

步骤 4：新建并完善 form_setuart.py 文件

右键单击项目名，在右键快捷菜单中选择"新建"→"Python 文件"命令，新建一个 form_setuart.py 文件。然后双击打开新建的 form_setuart.py 文件，在文件中添加如程序清单 8-2 所示的代码。

程序清单 8-2

```
1.   from PyQt5 import QtWidgets, QtGui
2.   from PyQt5.QtCore import pyqtSignal
3.   from PyQt5.QtWidgets import QApplication
4.   from form_setuart_ui import Ui_FormSetUART
5.   import serial
6.   # 获取所有串口信息
7.   import serial.tools.list_ports
8.   from PyQt5.QtSerialPort import QSerialPortInfo
9.
10.
11.  class UartSet(QtWidgets.QWidget, Ui_FormSetUART):
12.     # 自定义信号
13.     serialSignal = pyqtSignal(str, str, str, str, str)
14.
15.     def __init__(self, flag):
16.        super(UartSet, self).__init__()
17.        self.setupUi(self)
18.        # 设置串口打开标志图片
19.        if flag:
20.           self.uartStsLabel.setPixmap(QtGui.QPixmap(":/new/prefix1/image/open.png"))
21.           self.openUARTButton.setText("关闭串口")
22.        else:
23.           self.uartStsLabel.setPixmap(QtGui.QPixmap(":/new/prefix1/image/close.png"))
24.           self.openUARTButton.setText("打开串口")
25.        self.init()
26.        self.serial_search()
27.
28.     def init(self):
29.        # 关联槽函数
30.        self.openUARTButton.clicked.connect(self.openUart)
```

```
31.
32.        # 搜索串口号
33.        def serial_search(self):
34.            port_lsit = QSerialPortInfo.availablePorts()  # 获取有效的串口号
35.            # 将有效的串口号添加到串口选择下拉列表中
36.            if len(port_lsit) >= 1:
37.                self.uartNumComboBox.clear()
38.                for i in port_lsit:
39.                    self.uartNumComboBox.addItem(i.portName())
40.
41.        # "打开串口" 按钮单击信号的槽函数
42.        def openUart(self):
43.            self.serialSignal.emit(self.uartNumComboBox.currentText(),
44.                               self.baudRateComboBox.currentText(),
45.                               self.dataBitsComboBox.currentText(),
46.                               self.stopBitsComboBox.currentText(),
47.                               self.parityComboBox.currentText())
48.            self.close()
```

步骤 5：完善 ParamMonitor.py 文件

双击打开 ParamMonitor.py 文件，在文件中添加如程序清单 8-3 所示的第 10～15 行代码。

程序清单 8-3

```
1.    import os
2.    import sys
3.    import copy
4.    from PyQt5 import QtWidgets, QtCore
5.    from PyQt5.QtCore import QTimer, Qt, QRect, QPoint
6.    from PyQt5.QtGui import QStatusTipEvent, QMouseEvent, QPixmap, QPainter, QPen
7.    from PyQt5.QtWidgets import QMessageBox, QApplication, QAction
8.    from PyQt5 import QtGui
9.    from ParamMonitor_ui import Ui_MainWindow
10.   from form_setuart import UartSet
11.   import serial
12.   import serial.tools.list_ports
13.   from PyQt5.QtSerialPort import QSerialPortInfo
14.   from PackUnpack import PackUnpack
15.   from form_temp import FormTemp
```

在 __init__(self)方法中添加第 5～8 行代码，如程序清单 8-4 所示。

程序清单 8-4

```
1.    def __init__(self):
2.        super(ParamMonitor, self).__init__()
3.        self.setupUi(self)
4.        self.init()
5.        self.ser = serial.Serial()
6.        # 定义打包/解包类
```

```
7.        self.mPackUnpck = PackUnpack()
8.        self.mPackAfterUnpackArr = []    # 定义列表，保存解包数据
```

在 init(self)方法中添加第 6 行和第 27~38 行代码，如程序清单 8-5 所示。

程序清单 8-5

```
1.    def init(self):
2.        # 配置菜单栏，并指定各菜单项单击信号的槽函数
3.        self.menu1 = QAction(self)
4.        self.menu1.setText('串口设置')
5.        self.menubar.addAction(self.menu1)
6.        self.menu1.triggered.connect(self.slot_serialSet)
7.        self.menu2 = QAction(self)
8.        self.menu2.setText('数据存储')
9.        self.menubar.addAction(self.menu2)
10.       self.menu3 = QAction(self)
11.       self.menu3.setText('演示模式')
12.       self.menubar.addAction(self.menu3)
13.       self.menu4 = QAction(self)
14.       self.menu4.setText('关于')
15.       self.menubar.addAction(self.menu4)
16.       self.menu5 = QAction(self)
17.       self.menu5.setText('退出')
18.       self.menubar.addAction(self.menu5)
19.       # 状态栏
20.       self.statusStr = '串口未打开'
21.       self.statusBar().showMessage(self.statusStr)
22.       # 4 个画波形区的边框描黑
23.       self.ecg1WaveLabel.setStyleSheet("border:1px solid black;")
24.       self.ecg2WaveLabel.setStyleSheet("border:1px solid black;")
25.       self.spo2WaveLabel.setStyleSheet("border:1px solid black;")
26.       self.respWaveLabel.setStyleSheet("border:1px solid black;")
27.       # 串口接收数据
28.       self.serialPortTimer = QTimer(self)
29.       self.serialPortTimer.timeout.connect(self.data_receive)
30.       # 处理已解包数据的定时器
31.       self.procDataTimer = QTimer(self)
32.       self.procDataTimer.timeout.connect(self.data_process)
33.       # 实现心电图片闪烁的定时器，每 1000ms 交换一次状态
34.       self.heartShapeTimer = QTimer(self)
35.       self.heartShapeTimer.timeout.connect(self.heartShapeFlash)
36.       self.heartShapeTimer.start(1000)
37.       # 指定组合框的事件监测，实现单击事件响应
38.       self.tempInfoGroupBox.installEventFilter(self)
```

在 init(self)方法后面，添加 slot_serialSet(self)方法的实现代码，如程序清单 8-6 所示。

程序清单 8-6

```
1.    # 设置串口开关
2.    def slot_serialSet(self):
3.        if self.ser.isOpen():
4.            self.uartset = UartSet(True)              # 创建"串口设置"窗口对象，传参用于指定串口状态
5.        else:
6.            self.uartset = UartSet(False)             # 创建"串口设置"窗口对象，传参用于指定串口状态
7.        self.uartset.serialSignal.connect(self.slot_serial)  # 关联槽函数
8.        self.uartset.show()  # 打开窗口
```

在 slot_serialSet(self)方法后面，添加 slot_serial()方法的实现代码，用于配置并打开串口，如程序清单 8-7 所示。

程序清单 8-7

```
1.    # 配置并打开串口的槽函数
2.    def slot_serial(self, portNum, baudRate, dataBits, stopBits, parity):
3.        # 打开串口前，若串口处于打开状态，则先关闭
4.        if self.ser.isOpen():
5.            self.serialPortTimer.stop()
6.            self.procDataTimer.stop()
7.            try:
8.                self.ser.close()
9.            except:
10.               pass
11.           self.statusStr = "串口已关闭"
12.           self.statusBar().showMessage(self.statusStr)
13.       else:
14.           # 配置串口信息
15.           self.ser.port = portNum
16.           self.ser.baudrate = int(baudRate)
17.           self.ser.bytesize = int(dataBits)
18.           self.ser.stopbits = int(stopBits)
19.           self.ser.parity = parity
20.           # 尝试打开串口，失败时弹出提示框，返回
21.           try:
22.               self.ser.open()
23.           except:
24.               QMessageBox.critical(self, "Error", "串口打开失败")
25.               return
26.           # 成功打开串口时，设置状态栏的串口信息为"串口已打开"
27.           self.statusStr = "串口已打开"
28.           self.statusBar().showMessage(self.statusStr)
29.           self.serialPortTimer.start(2)      # 开启处理串口数据的定时器
30.           self.procDataTimer.start(10)       # 开启处理已解包数据的定时器
```

在 slot_serial()方法后面，添加 data_send()和 data_receive(self)方法的实现代码，用于通过串口接收和发送数据，串口接收的数据会经过解包后存储到 self.mPackAfterUnpackArr 列表

中，如程序清单 8-8 所示。

程序清单 8-8

```
1.    # 通过串口发送字节数据
2.    def data_send(self, data):
3.        if self.ser.isOpen():
4.            data = bytes(data)
5.            self.ser.write(data)
6.        else:
7.            pass
8.
9.    # 处理串口接收的数据
10.   def data_receive(self):
11.       try:
12.           num = self.ser.inWaiting()          # 获取当前串口缓冲区的数据量
13.       except:
14.           self.serialPortTimer.stop()
15.           self.procDataTimer.stop()
16.           try:
17.               self.ser.close()
18.           except:
19.               pass
20.           return None
21.       if num > 0:
22.           data = self.ser.read(num)          # 读取当前串口缓冲区的数据
23.           # 通过 for 循环遍历 data 中的数据，直到获取一个完整的数据包时，findPack 才为 True
24.           for i in range(0, len(data)):
25.               findPack = self.mPackUnpck.unpackData(data[i])
26.               # 解包成功，将数据保存到 self.mPackAfterUnpackArr 列表中
27.               if findPack:
28.                   temp = self.mPackUnpck.getUnpackRslt()
29.                   self.mPackAfterUnpackArr.append(copy.deepcopy(temp))
30.       else:
31.           pass
```

在 data_receive(self)方法后面，添加 data_process(self)方法的实现代码，用于处理 self.mPackAfterUnpackArr 列表中的数据，如程序清单 8-9 所示。

程序清单 8-9

```
1.    # 处理已解包的数据
2.    def data_process(self):
3.        num = len(self.mPackAfterUnpackArr)                    # 列表数据长度
4.
5.        if num > 0:
6.            for i in range(num):
7.                if self.mPackAfterUnpackArr[i][0] == 0x12:    # 0x12:体温相关的数据包
8.                    self.analyzeTempData(self.mPackAfterUnpackArr[i])
```

```
9.           # 删掉已处理数据
10.          del self.mPackAfterUnpackArr[0:num]
```

在 data_process(self)方法后面，添加 analyzeTempData()方法的实现代码，用于将体温数据包中的数据取出，并显示到界面中，如程序清单 8-10 所示。

程序清单 8-10

```
1.   # 处理体温数据
2.   def analyzeTempData(self, data):
3.       if data[1] == 0x02:
4.           lead1Sts = data[2] & 0x01
5.           lead2Sts = data[2] & 0x02
6.           fTemp1 = (data[3] << 8 | data[4]) / 10.0
7.           fTemp2 = (data[5] << 8 | data[6]) / 10.0
8.           if lead1Sts == 0x01:
9.               self.temp1LeadLabel.setText("T1 脱落")
10.              self.temp1LeadLabel.setStyleSheet("color:red")
11.              self.temp1ValLabel.setText("---")
12.          else:
13.              self.temp1LeadLabel.setText("T1 连接")
14.              self.temp1LeadLabel.setStyleSheet("color:green")
15.              self.temp1ValLabel.setText(str(fTemp1))
16.          if lead2Sts == 0x02:
17.              self.temp2LeadLabel.setText("T2 脱落")
18.              self.temp2LeadLabel.setStyleSheet("color:red")
19.              self.temp2ValLabel.setText("---")
20.          else:
21.              self.temp2LeadLabel.setText("T2 连接")
22.              self.temp2LeadLabel.setStyleSheet("color:green")
23.              self.temp2ValLabel.setText(str(fTemp2))
```

在 analyzeTempData()方法后面，添加 heartShapeFlash(self)、event()和 eventFilter()方法的实现代码，如程序清单 8-11 所示。heartShapeFlash(self)方法用于控制界面心形图标的闪烁；event()用于控制界面下方串口状态文本的显示；eventFilter()方法用于管理各个参数组合框的单击事件。

程序清单 8-11

```
1.   # 心形图标闪烁，每 1000ms 交换一次状态
2.   def heartShapeFlash(self):
3.       self.heartLabel.setVisible(not self.heartLabel.isVisible())
4.
5.   # 状态栏控件的监听事件
6.   def event(self, event: QtCore.QEvent) -> bool:
7.       if event.type() == event.StatusTip:
8.           if event.tip() == "":
9.               event = QStatusTipEvent(self.statusStr)
10.      return super().event(event)
11.
12.  # 单击各个参数组合框的事件过滤器
```

```
13.    def eventFilter(self, a0: 'QObject', a1: 'QEvent') -> bool:
14.        if a0 == self.tempInfoGroupBox:
15.            if a1.type() == a1.MouseButtonPress:
16.                if self.ser.isOpen():
17.                    self.formTemp = FormTemp()
18.                    self.formTemp.tempSignal.connect(self.slot_temp)
19.                    self.formTemp.show()
20.                else:
21.                    QMessageBox.information(None, '消息', '串口未打开', QMessageBox.Ok)
22.        return False
```

最后在 eventFilter()方法后面，添加 closeEvent()和 slot_temp()方法的实现代码，如程序清单 8-12 所示。

程序清单 8-12

```
1.    # 程序退出时的监听事件
2.    def closeEvent(self, a0: QtGui.QCloseEvent) -> None:
3.        sys.exit(0)
4.
5.    # "体温参数设置"对话框中 tempSignal 信号的槽函数
6.    def slot_temp(self, data):
7.        self.data_send(data)
```

步骤 6：编译运行验证程序

单击 ▶ 按钮运行程序，然后将人体生理参数监测系统硬件平台通过 USB 线连接到计算机，打开硬件平台，并在设备管理器中查看对应的串口号（本机是 COM3），将硬件平台设置为演示模式、USB 连接及输出体温数据，人体生理参数监测系统硬件平台的具体使用方法可参考附录 A。

单击项目界面菜单栏的"串口设置"选项，在弹出的"串口设置"窗口中完成串口的设置，如图 8-2 所示。注意，串口号不一定是 COM3，在不同的计算机中，串口号会不同。

完成串口设置后单击"打开串口"按钮开始接收数据，即可看到体温值和导联状态，如图 8-3 所示。

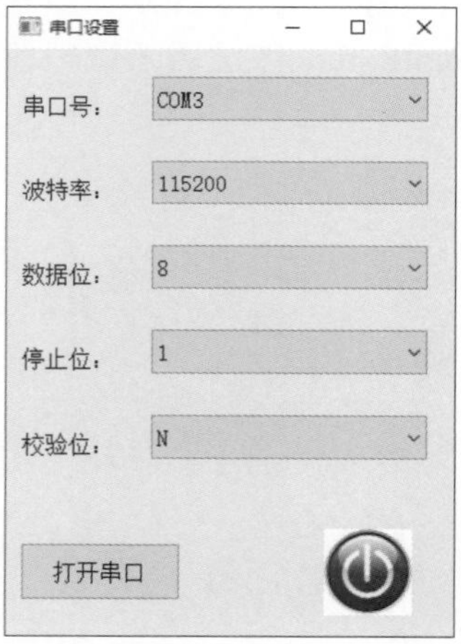

图 8-2　设置串口

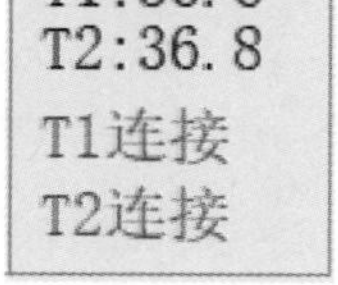

图 8-3　体温值与导联状态

本章任务

　　基于前面学习的知识和对本章代码的理解，以及在第 7 章中完成的独立测量体温界面，设计一个只监测和显示体温参数的应用。

 本章习题

　　1．本章实验采用热敏电阻法测量人体体温，除此之外，是否还有其他方法可以测量人体体温？

　　2．如果体温通道 1 和体温通道 2 的探头均为连接状态，体温通道 1、体温通道 2 的体温值分别为 36.0℃ 和 36.2℃，按照附录 B 定义的体温数据包应该是怎样的？

第 9 章 血压监测与显示

在实现体温监测的基础上，本章继续添加血压监测的底层驱动程序，并对血压数据处理过程进行详细介绍。

9.1 实验内容

本章实验主要编写和完善以下功能的代码：①在"无创血压"显示区中显示压力值、平均压、舒张压、收缩压、脉率和测量模式；②双击"无创血压"显示区后弹出"无创血压设置"窗口，其中，"测量模式"下拉框默认为"手动"模式。

9.2 实验原理

9.2.1 血压测量原理

血压是指血液在血管内流动时作用于单位面积血管壁的侧压力，它是推动血液在血管内流动的动力，通常所说的血压是指体循环的动脉血压。心脏泵出血液时形成的血压为收缩压，也称为高压；血液在流回心脏的过程中产生的血压为舒张压，也称为低压。收缩压与舒张压是判断人体血压正常与否的两个重要生理参数。

血压的高低不仅与心脏功能、血管阻力和血容量密切相关，而且受年龄、季节、气候等多种因素影响。不同年龄段的血压正常范围有所不同，如正常成人安静状态下的血压范围为收缩压 90～139mmHg，舒张压 60～89mmHg；新生儿的正常范围为收缩压 70～100mmHg，舒张压 34～45mmHg。在一天中的不同时间段，人体血压也会有波动，一般正常人每日血压波动在 20～30mmHg 内，血压最高点一般出现在上午 9～10 点及下午 4～8 点，血压最低点出现在凌晨 1～3 点。

临床上采用的血压测量方法有两类，即直接测量法和间接测量法。直接测量法采用插管技术，通过外科手术把带压力传感器的探头插入动脉血管或静脉血管。这种方法具有创伤性，一般只用于重危病人。间接测量法又称为无创测量法，它从体外间接测量动脉血管中的压力，更多地用于临床。目前常见的无创自动血压测量方法有多种，如柯氏音法、示波法和光电法等。与其他方法相比，示波法有较强的抗干扰能力，能较可靠地测定血压。

示波法又称为测振法，充气时，利用袖带压阻断动脉血流；在放气过程中，袖带内气压跟随动脉内压力波动而出现脉搏波，这种脉搏波随袖带压的减小而呈现由弱变强后再逐渐减弱的趋势，如图 9-1 所示。具体表现为：①当袖带压大于收缩压时，动脉被关闭，此时因近端脉搏的冲击，振荡波较小；②当袖带压小于收缩压时，波幅增大；③当袖带压等于平均压时，动脉壁处于去负荷状态，波幅达到最大值；④当袖带压小于平均动脉压时，波幅逐渐减小；⑤袖带压小于舒张压以后，动脉管腔在舒张期已充分扩张，管壁刚性增加，因而波幅维持较小的水平。

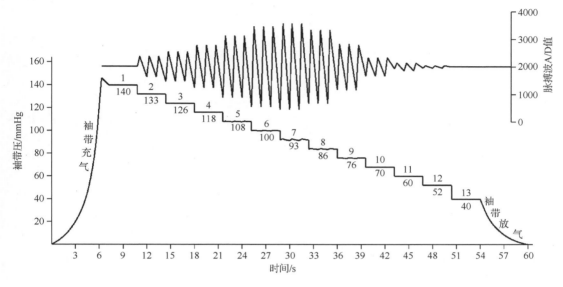

图 9-1　测振法原理图

本实验通过袖带对人体的肱动脉加压和减压，再通过压力传感器得到袖带压和脉搏波幅度信息，将对压力的测量转换为对电学量的测量，然后在从机上对测量的电学量进行计算，获得最终的收缩压、平均压、舒张压和脉率。其中，模块 ID 为 0x14、二级 ID 为 0x80 的血压启动测量命令包是主机（计算机）向从机（人体生理参数监测系统）发送的命令，以达到启动一次无创血压测量的目的；模块 ID 为 0x14、二级 ID 为 0x81 的血压中止测量命令包也是主机向从机发送的命令，以达到中止无创血压测量的目的；模块 ID 为 0x14、二级 ID 为 0x02 的无创血压实时数据包是由从机向主机发送的袖带压等数据；模块 ID 为 0x14、二级 ID 为 0x03 的无创血压测量结束数据包是由从机向主机发送的无创血压测量结束信息；模块 ID 为 0x14、二级 ID 为 0x04 的无创血压测量结果 1 数据包是由从机向主机发送的收缩压、舒张压和平均压；模块 ID 为 0x14、二级 ID 为 0x05 的无创血压测量结果 2 数据包是由从机向主机发送的脉率，具体可参见附录 B。通过主机向从机发送血压启动和中止测量命令包，主机在接收到从机发送的无创血压实时数据包、无创血压测量结束数据包、无创血压测量结果 1 数据包、无创血压测量结果 2 数据包后，通过应用程序窗口显示实时袖带压、收缩压、平均压、舒张压和脉率。

9.2.2　设计框图

血压监测与显示实验的设计框图如图 9-2 所示。

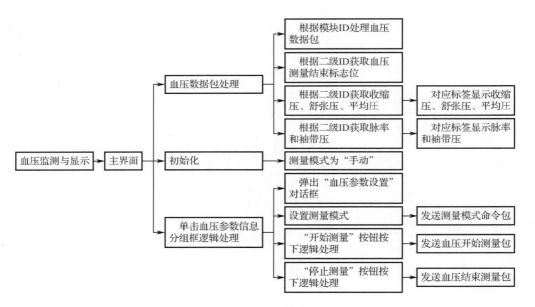

图 9-2　血压监测与显示实验的设计框图

9.3　实验步骤

步骤 1：复制基准项目

将本书配套资料包中的"04.例程资料\Material\06.NIBPMonitor"文件夹复制到"D:\
PyQt5Project"目录下。

步骤 2：复制并添加文件

将本书配套资料包中的"04.例程资料\Material\StepByStep"文件夹下的 form_nibp_ui.py
和 form_nibp_ui.ui 文件复制到"D:\PyQt5Project\06.NIBPMonitor"目录下。然后通过 PyCharm
打开项目。实际上，已经打开的 06.NIBPMonitor 项目是已在第 8 章完成的项目，所以也可以
基于第 8 章完成的项目开展本章实验。

步骤 3：新建并完善 form_nibp.py 文件

右键单击项目名，在右键快捷菜单中选择"新建"→"Python 文件"命令，新建一个
form_nibp.py 文件。然后双击打开新建的 form_nibp.py 文件，在文件中添加如程序清单 9-1
所示的代码。

程序清单 9-1

```
1.    from PyQt5 import QtWidgets
2.    from PyQt5.QtCore import pyqtSignal
3.    from form_nibp_ui import Ui_FormNIBP
4.    from PackUnpack import PackUnpack
5.
6.
7.    class FormNibp(QtWidgets.QWidget, Ui_FormNIBP):
8.        # 自定义信号
```

```
9.        nibpSignal = pyqtSignal(object)
10.
11.    def __init__(self):
12.        super(FormNibp, self).__init__()
13.        # 打包/解包类
14.        self.mPackUnpack = PackUnpack()
15.        # 定义数据列表，长度为 10
16.        self.dataList = [0] * 10
17.        self.setupUi(self)
18.        self.init()
19.
20.    def init(self):
21.        # 禁用窗口最大化，禁止调整窗口大小
22.        self.setFixedSize(self.width(), self.height())
23.        # 关联槽函数
24.        self.startMeasButton.clicked.connect(self.startMeasure)
25.        self.stopMeasButton.clicked.connect(self.stopMeasure)
26.
27.    # "开始测量"按钮单击信号的槽函数
28.    def startMeasure(self):
29.        self.dataList[0] = 0x14
30.        self.dataList[1] = 0x80
31.        self.mPackUnpack.packData(self.dataList)
32.        self.nibpSignal.emit(self.dataList)
33.        self.close()
34.
35.    # "停止测量"按钮单击信号的槽函数
36.    def stopMeasure(self):
37.        self.dataList[0] = 0x14
38.        self.dataList[1] = 0x81
39.        self.mPackUnpack.packData(self.dataList)
40.        self.nibpSignal.emit(self.dataList)
41.        self.close()
```

步骤 4：完善 ParamMonitor.py 文件

双击打开 ParamMonitor.py 文件，在文件中添加第 4 行代码，如程序清单 9-2 所示。

程序清单 9-2

```
1.    ……
2.    from PackUnpack import PackUnpack
3.    from form_temp import FormTemp
4.    from form_nibp import FormNibp
```

在 init(self)方法中添加第 5 行代码，如程序清单 9-3 所示。

程序清单 9-3

```
1.    def init(self):
2.        ……
```

```
3.        # 指定组合框的事件监测，实现单击事件响应
4.        self.tempInfoGroupBox.installEventFilter(self)
5.        self.nibpInfoGroupBox.installEventFilter(self)
```

在 data_process(self)方法中添加第 9～10 行代码，如程序清单 9-4 所示。

程序清单 9-4

```
1.    # 处理已解包的数据
2.    def data_process(self):
3.        num = len(self.mPackAfterUnpackArr)                    # 列表数据长度
4.
5.        if num > 0:
6.            for i in range(num):
7.                if self.mPackAfterUnpackArr[i][0] == 0x12:      # 0x12:体温相关的数据包
8.                    self.analyzeTempData(self.mPackAfterUnpackArr[i])
9.                elif self.mPackAfterUnpackArr[i][0] == 0x14:    # 0x14:血压相关的数据包
10.                   self.analyzeNIBPData(self.mPackAfterUnpackArr[i])
11.           # 删掉已处理数据
12.           del self.mPackAfterUnpackArr[0:num]
```

在 analyzeTempData()方法后面，添加 analyzeNIBPData()方法的实现代码，用于取出血压数据包中的数据，并显示到界面中，如程序清单 9-5 所示。

程序清单 9-5

```
1.    # 处理血压数据
2.    def analyzeNIBPData(self, data):
3.        if data[1] == 0x02:
4.            cufPres = data[2] << 8 | data[3]
5.            self.cufPressureLabel.setText(str(cufPres))
6.        elif data[1] == 0x04:
7.            sysPres = data[2] << 8 | data[3]
8.            diaPres = data[4] << 8 | data[5]
9.            meaPres = data[6] << 8 | data[7]
10.           self.sysPressureLabel.setText(str(sysPres))
11.           self.diaPressureLabel.setText(str(diaPres))
12.           self.mapPressureLabel.setText(str(meaPres))
13.       elif data[1] == 0x05:
14.           pulseRate = data[2] << 8 | data[3]
15.           # pulseRate 的值在 0~320 才显示
16.           if pulseRate > 0:
17.               if pulseRate < 320:
18.                   self.nibpPRLabel.setText(str(pulseRate))
19.               else:
20.                   self.nibpPRLabel.setText("---")
```

在 eventFilter()方法中添加第 11～18 行代码，在事件过滤器中添加血压组合框的单击事件响应，如程序清单 9-6 所示。

程序清单 9-6

```
1.    # 单击各个参数组合框的事件过滤器
2.    def eventFilter(self, a0: 'QObject', a1: 'QEvent') -> bool:
3.        if a0 == self.tempInfoGroupBox:
4.            if a1.type() == a1.MouseButtonPress:
5.                if self.ser.isOpen():
6.                    self.formTemp = FormTemp()
7.                    self.formTemp.tempSignal.connect(self.slot_temp)
8.                    self.formTemp.show()
9.                else:
10.                   QMessageBox.information(None, '消息', '串口未打开', QMessageBox.Ok)
11.       elif a0 == self.nibpInfoGroupBox:
12.           if a1.type() == a1.MouseButtonPress:
13.               if self.ser.isOpen():
14.                   self.formNibp = FormNibp()
15.                   self.formNibp.nibpSignal.connect(self.slot_nibp)
16.                   self.formNibp.show()
17.               else:
18.                   QMessageBox.information(None, '消息', '串口未打开', QMessageBox.Ok)
19.       return False
```

最后在 slot_temp()方法后面，添加 slot_nibp()方法的实现代码，如程序清单 9-7 所示。

程序清单 9-7

```
1.    # "血压参数设置"窗口中 nibpSignal 信号的槽函数
2.    def slot_nibp(self, data):
3.        self.data_send(data)
```

步骤 5：编译运行验证程序

单击 ▶ 按钮运行程序，然后将人体生理参数监测系统硬件平台通过 USB 线连接到计算机，打开硬件平台，并设置为演示模式、USB 连接及输出血压数据，单击项目界面菜单栏的"串口设置"选项，在弹出的窗口中完成串口的设置，单击"打开串口"按钮。

在正在运行的程序界面中，单击"无创血压"显示区，弹出"血压参数设置"对话框，默认选择"手动"测量模式，单击"开始测量"按钮后开始测量，如图 9-3 所示。

即可看到动态变化的袖带压，以及袖带压稳定后显示的收缩压、舒张压和平均压，如图 9-4 所示。由于血压监测与显示应用程序已经包含了体温监测与显示的功能，因此，如果人体生理参数监测系统硬件平台处于"五参演示"模式，则可以同时看到动态的体温和血压参数。

图 9-3　设置血压参数

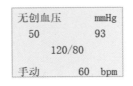

图 9-4　血压监测与显示效果

本章任务

　　基于前面学习的知识及对本章代码的理解，以及在第 7 章完成的独立测量血压界面，设计一个只监测和显示血压参数的应用。

 本章习题

　　1. 正常成人的收缩压和舒张压的范围是多少？正常新生儿的收缩压和舒张压的范围是多少？

　　2. 测量血压主要有哪几种方法？

　　3. 完整的无创血压启动测量命令包和无创血压中止测量命令包分别是什么？

第 10 章　呼吸监测与显示

在实现体温与血压监测的基础上，本章继续添加呼吸监测的底层驱动程序，并对呼吸数据处理过程进行详细介绍。

10.1　实验内容

本章实验主要编写和完善以下功能的代码：①在"呼吸"显示区显示呼吸率；②双击"呼吸"显示区后弹出"呼吸设置"窗口；③在"RESP"区显示呼吸波形。

10.2　实验原理

10.2.1　呼吸测量原理

呼吸是人体得到氧气、输出二氧化碳，调节酸碱平衡的一个新陈代谢过程，这个过程通过呼吸系统完成。呼吸系统由肺、呼吸肌（尤其是膈肌和肋间肌），以及将气体带入和带出肺的器官组成。呼吸监测主要是指监测肺部的气体交换状态或呼吸肌的效率。典型的呼吸监测参数包括呼吸率、呼气末二氧化碳分压、呼气容量及气道压力。呼吸监测仪多以风叶作为监控呼吸容量的传感器，呼吸气流推动风叶转动，用红外线发射和接收元件探测风叶转速，经电子系统处理后，显示潮气量和分钟通气量。对气道压力的监测是利用放置在气道中的压电传感器进行的。监测需要在病人通过呼吸管道进行呼吸时才能测得。呼气末二氧化碳分压的监测也需要在呼吸管道中进行，而呼吸率的监测不受此限制。

对呼吸的测量一般并不需要测量其全部参数，只要求测量呼吸率。呼吸率指单位时间内呼吸的次数，单位为次/min。平静呼吸时，新生儿的呼吸率为 60～70 次/min，成人为 12～18 次/min。呼吸率的测量主要有热敏式和阻抗式两种测量方法。

热敏式呼吸率测量是将热敏电阻放在鼻孔处，呼吸气流与热敏电阻发生热交换，改变热敏电阻的阻值。当鼻孔气流周期性地流过热敏电阻时，热敏电阻的阻值也周期性地改变。根据这一原理，将热敏电阻接在惠斯通电桥的一个桥臂上，就可以得到周期性变化的电压信号，电压周期就是呼吸周期。经过放大处理后，就可以得到呼吸率。

阻抗式呼吸率测量是目前呼吸监测设备中应用最广泛的一种方法，主要利用人体某部分阻抗的变化来测量某些参数，以此帮助监测及诊断。由于该方法具有无创、安全、简单、廉价且无副作用等优点，故得到了广泛的应用与发展。

本章实验采用阻抗式呼吸率测量法，实现了在一定范围内对呼吸率的精确测量，以及对呼吸波的实时监测。其中，模块 ID 为 0x11、二级 ID 为 0x02 的呼吸波形数据包是由从机向主机发送的呼吸波形，模块 ID 为 0x11、二级 ID 为 0x03 的呼吸率数据包是由从机向主机发送的呼吸率，具体可参见附录 B。主机在接收到从机发送的呼吸波形数据包和呼吸率数据包后，通过应用程序窗口实时显示呼吸波和呼吸率。

10.2.2　设计框图

呼吸监测与显示实验的设计框图如图 10-1 所示。

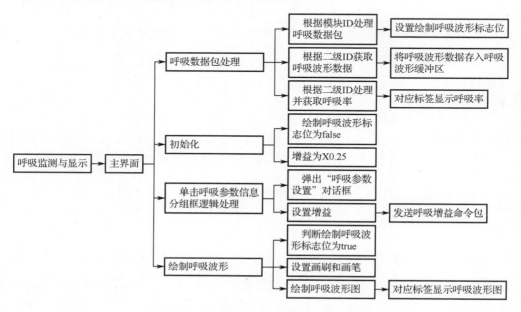

图 10-1　呼吸监测与显示实验的设计框图

10.3　实验步骤

步骤 1：复制基准项目

将本书配套资料包中的"04.例程资料\Material\07.RespMonitor"文件夹复制到"D:\PyQt5Project"目录下。

步骤 2：复制并添加文件

将本书配套资料包中的"04.例程资料\Material\StepByStep"文件夹下的 form_resp_ui.py 和 form_resp_ui.ui 文件复制到"D:\PyQt5Project\07.RespMonitor"目录下。然后通过 PyCharm 打开项目。实际上，已经打开的 07.RespMonitor 项目是在第 9 章完成的项目，所以也可以基于第 9 章完成的项目开展本章实验。

步骤 3：新建并完善 form_resp.py 文件

右键单击项目名，在右键快捷菜单中选择"新建"→"Python 文件"命令，新建一个 form_resp.py 文件。然后双击打开新建的 form_resp.py 文件，在文件中添加如程序清单 10-1 所示的代码。

程序清单 10-1

```
1.    from PyQt5 import QtWidgets
2.    from PyQt5.QtCore import pyqtSignal
3.    from form_resp_ui import Ui_FormResp
4.    from PackUnpack import PackUnpack
5.
6.
7.    class FormResp(QtWidgets.QWidget, Ui_FormResp):
8.        # 自定义消息
9.        respSignal = pyqtSignal(object)
10.
11.       def __init__(self):
12.           super(FormResp, self).__init__()
13.           # 打包/解包类
14.           self.mPackUnpack = PackUnpack()
15.           # 定义数据列表，长度为 10
16.           self.dataList = [0] * 10
17.           self.setupUi(self)
18.           self.init()
19.           # 关联槽函数
20.           self.okButton.clicked.connect(self.close)
21.           self.cancelButton.clicked.connect(self.close)
22.           self.gainComboBox.currentIndexChanged.connect(self.setRespGain)
23.
24.       def init(self):
25.           # 禁用窗口最大化，禁止调整窗口大小
26.           self.setFixedSize(self.width(), self.height())
27.
28.       # 增益设置下拉列表单击信号的槽函数
29.       def setRespGain(self):
30.           self.dataList[:10] = [0] * 10   # 先置 0
31.           self.dataList[0] = 0x11
32.           self.dataList[1] = 0x80
33.           self.dataList[2] = self.gainComboBox.currentIndex()
34.           self.mPackUnpack.packData(self.dataList)
35.           self.respSignal.emit(self.dataList)
```

步骤 4：完善 ParamMonitor.py 文件

双击打开 ParamMonitor.py 文件，在文件中添加第 4 行代码，如程序清单 10-2 所示。

程序清单 10-2

```
1.    ……
2.    from form_temp import FormTemp
3.    from form_nibp import FormNibp
4.    from form_resp import FormResp
```

在 __init__(self)方法中添加第 10～18 行代码，如程序清单 10-3 所示。

程序清单 10-3

```
1.    def __init__(self):
2.        super(ParamMonitor, self).__init__()
3.        self.setupUi(self)
4.        self.init()
5.        self.ser = serial.Serial()
6.        # 定义打包/解包类
7.        self.mPackUnpck = PackUnpack()
8.        self.mPackAfterUnpackArr = []        # 定义列表，保存解包数据
9.
10.       # Resp
11.       self.mRespWaveList = []              # 线性链表，内容为 Resp 的波形数据
12.       self.mRespXStep = 0                  # Resp 横坐标
13.       self.maxRespLength = self.respWaveLabel.width()
14.       self.maxRespHeight = self.respWaveLabel.height()
15.       self.pixmapResp = QPixmap(self.respWaveLabel.width(), self.respWaveLabel.height())
16.       self.pixmapResp.fill(Qt.white)       # 初始化呼吸画布
17.       self.respWaveLabel.setPixmap(self.pixmapResp)
18.       self.painterResp = QPainter(self.pixmapResp)
```

在 init(self)方法中添加第 6 行代码，如程序清单 10-4 所示。

程序清单 10-4

```
1.    def init(self):
2.        ……
3.        # 指定组合框的事件监测，实现单击事件响应
4.        self.tempInfoGroupBox.installEventFilter(self)
5.        self.nibpInfoGroupBox.installEventFilter(self)
6.        self.respInfoGroupBox.installEventFilter(self)
```

在 data_process(self)方法中添加第 11～12 行和第 15～17 行代码，如程序清单 10-5 所示。

程序清单 10-5

```
1.    # 处理已解包的数据
2.    def data_process(self):
3.        num = len(self.mPackAfterUnpackArr)  # 列表数据长度
4.
5.        if num > 0:
6.            for i in range(num):
7.                if self.mPackAfterUnpackArr[i][0] == 0x12:      # 0x12:体温相关的数据包
8.                    self.analyzeTempData(self.mPackAfterUnpackArr[i])
9.                elif self.mPackAfterUnpackArr[i][0] == 0x14:    # 0x14:血压相关的数据包
10.                   self.analyzeNIBPData(self.mPackAfterUnpackArr[i])
11.               elif self.mPackAfterUnpackArr[i][0] == 0x11:    # 0x11:呼吸相关的数据包
12.                   self.analyzeRespData(self.mPackAfterUnpackArr[i])
13.           # 删掉已处理数据
14.           del self.mPackAfterUnpackArr[0:num]
```

```
15.        # 呼吸波形数据点大于 2 才开始画呼吸波形
16.        if len(self.mRespWaveList) > 2:
17.            self.drawRespWave()
```

在 analyzeNIBPData()方法后面，添加 analyzeRespData()方法的实现代码，用于将呼吸数据包中的数据取出并显示到界面中，如程序清单 10-6 所示。

程序清单 10-6

```
1.    # 处理呼吸数据
2.    def analyzeRespData(self, data):
3.        if data[1] == 0x02:
4.            for i in range(2, 7):
5.                self.mRespWaveList.append(data[i])
6.        elif data[1] == 0x03:
7.            respRate = data[2] << 8 | data[3]
8.            # respRate 的值在 0~120 才显示
9.            if respRate > 0:
10.                if respRate < 120:
11.                    self.respRateLabel.setText(str(respRate))
12.                else:
13.                    self.respRateLabel.setText("---")
```

在 analyzeRespData()方法后面，添加 drawRespWave(self)方法的实现代码，用于绘制呼吸波形，如程序清单 10-7 所示。

程序清单 10-7

```
1.    # 画 Resp 波形
2.    def drawRespWave(self):
3.        iCnt = len(self.mRespWaveList)
4.        self.painterResp.setBrush(Qt.white)
5.        self.painterResp.setPen(QPen(Qt.white, 1, Qt.SolidLine))
6.        if iCnt >= self.maxRespLength - self.mRespXStep:
7.            # 后半部分刷白
8.            rct = QRect(self.mRespXStep, 0, self.maxRespLength - self.mRespXStep, self.maxRespHeight)
9.            self.painterResp.drawRect(rct)
10.            # 前面部分刷白
11.            rct = QRect(0, 0, 10 + iCnt - (self.maxRespLength - self.mRespXStep), self.maxRespHeight)
12.            self.painterResp.drawRect(rct)
13.        else:
14.            # 指定部分刷白
15.            rct = QRect(self.mRespXStep, 0, iCnt + 10, self.maxRespHeight)
16.            self.painterResp.drawRect(rct)
17.        # 设置画笔
18.        self.painterResp.setPen(QPen(Qt.black, 2, Qt.SolidLine))
19.        # 画图
20.        for i in range(iCnt - 1):
21.            point1 = QPoint(self.mRespXStep, self.maxRespHeight - self.mRespWaveList[i] / 2)
```

```
22.          point2 = QPoint(self.mRespXStep + 1, self.maxRespHeight - self.mRespWaveList[i + 1] / 2)
23.          self.painterResp.drawLine(point1, point2)
24.          self.mRespXStep += 1
25.          if self.mRespXStep >= self.maxRespLength:
26.              self.mRespXStep = 0
27.      # 删除 iCnt-1 个数据，保留最后一个数据，下次画图时将起点与现在尾端接上，不会出现断线
28.      del self.mRespWaveList[0:iCnt - 1]
29.      # 更新波形
30.      self.respWaveLabel.setPixmap(self.pixmapResp)
```

在 eventFilter()方法中添加第 19～26 行代码，添加呼吸组合框的单击事件响应，如程序清单 10-8 所示。

程序清单 10-8

```
1.   # 单击各个参数组合框的事件过滤器
2.   def eventFilter(self, a0: 'QObject', a1: 'QEvent') -> bool:
3.       if a0 == self.tempInfoGroupBox:
4.           if a1.type() == a1.MouseButtonPress:
5.               if self.ser.isOpen():
6.                   self.formTemp = FormTemp()
7.                   self.formTemp.tempSignal.connect(self.slot_temp)
8.                   self.formTemp.show()
9.               else:
10.                  QMessageBox.information(None, '消息', '串口未打开', QMessageBox.Ok)
11.      elif a0 == self.nibpInfoGroupBox:
12.          if a1.type() == a1.MouseButtonPress:
13.              if self.ser.isOpen():
14.                  self.formNibp = FormNibp()
15.                  self.formNibp.nibpSignal.connect(self.slot_nibp)
16.                  self.formNibp.show()
17.              else:
18.                  QMessageBox.information(None, '消息', '串口打开', QMessageBox.Ok)
19.      elif a0 == self.respInfoGroupBox:
20.          if a1.type() == a1.MouseButtonPress:
21.              if self.ser.isOpen():
22.                  self.formResp = FormResp()
23.                  self.formResp.respSignal.connect(self.slot_resp)
24.                  self.formResp.show()
25.              else:
26.                  QMessageBox.information(None, '消息', '串口未打开', QMessageBox.Ok)
27.      return False
```

最后在 slot_nibp()方法后面，添加 slot_resp()方法的实现代码，如程序清单 10-9 所示。

程序清单 10-9

```
1.   # "呼吸参数设置"对话框中 respSignal 信号的槽函数
2.   def slot_resp(self, data):
3.       self.data_send(data)
```

步骤 5：编译运行验证程序

单击 ▶ 按钮，运行程序，然后将人体生理参数监测系统硬件平台通过 USB 线连接到计算机，打开硬件平台，并设置为演示模式、USB 连接及输出呼吸数据，单击项目界面菜单栏的"串口设置"选项，在弹出的窗口中完成串口的配置，单击"打开串口"按钮，即可看到动态显示的呼吸波形及呼吸率，如图 10-2 所示。由于呼吸监测与显示应用程序已经包含了体温、血压监测与显示的功能，因此，如果人体生理参数监测系统硬件平台处于"五参演示"模式，则可以同时看到动态的体温、血压和呼吸参数。

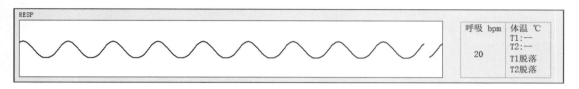

图 10-2　呼吸数据演示

 本章任务

基于前面学习的知识及对本章代码的理解，以及在第 7 章完成的独立测量呼吸界面，设计一个只监测与显示呼吸参数的应用。

 本章习题

1. 呼吸率的单位是 bpm，解释该单位的意义。
2. 正常成人呼吸率的取值范围是多少？正常新生儿呼吸率的取值范围是多少？
3. 在呼吸率为 25bpm 时，按照附录 B 定义的呼吸率数据包应该是怎样的？

第 11 章　血氧监测与显示

在实现体温、血压与呼吸监测的基础上，本章继续添加血氧监测的底层驱动程序，并对血氧数据处理过程进行详细介绍。

11.1　实验内容

本实验编写和完善以下功能的代码：①在血氧显示区域显示血氧饱和度、脉率、手指连接状态和探头连接状态；②双击"血氧"显示区后弹出"血氧设置"窗口，在该窗口中可以设置计算灵敏度为高、中、低；③在"SPO2"区中显示血氧波形。

11.2　实验原理

11.2.1　血氧测量原理

血氧饱和度（SpO_2）即血液中氧的浓度，它是呼吸循环的重要生理参数。临床上，一般认为 SpO_2 的正常值不能低于 94%，低于 94% 则被认为供氧不足。有学者将 SpO_2<90% 定为低氧血症的标准。

人体内的血氧含量需要维持在一定的范围内才能够保持人体的健康，血氧不足时容易产生注意力不集中、记忆力减退、头晕目眩、焦虑等症状。如果人体长期缺氧，则导致心肌衰竭、血压下降，以致无法维持正常的血液循环；更有甚者，长期缺氧会直接损害大脑皮层，造成脑组织的变性和坏死。监测血氧能够帮助预防生理疾病的发生，在出现缺氧状况时能够及时做出补氧决策，减小因血氧导致生理疾病发生的概率。

传统的血氧饱和度测量方法是利用血氧分析仪对人体新采集的血样进行电化学分析，然后通过相应的测量参数计算出血氧饱和度。本实验采用的是目前流行的指套式光电传感器测量血氧的方法。测量时，只需将传感器套在人手指上，然后将采集到的信号经处理后传到主机，即可观察人体血氧饱和度的情况。

血液中氧的浓度可以用血氧饱和度来表示。血氧饱和度是血液中氧合血红蛋白（HbO_2）的容量占所有可结合的血红蛋白（HbO_2+Hb，即氧合血红蛋白和还原血红蛋白）容量的百分比，即

$$SpO_2 = \frac{C_{HbO_2}}{C_{HbO_2} + C_{Hb}} \times 100\%$$

对同一种波长的光或不同波长的光，氧合血红蛋白和还原血红蛋白对光的吸收存在很大的差别，而且在近红外区域内，它们对光的吸收存在独特的吸收峰；在血液循环中，动脉中的血液含量会随着脉搏的跳动而产生变化，这说明光透射过血液的光程也产生了变化，而动脉血对光的吸收量会随着光程的改变而改变，由此能够推导出血氧探头输出的信号强度随脉搏波的变化而变化，根据朗伯-比尔定律可推导出脉搏血氧饱和度。

脉搏是指人体浅表可触摸到的动脉搏动。脉率是指每分钟的动脉搏动次数，在正常情况下，脉率和心率是一致的。动脉搏动是有节律的，脉搏波结构如图 11-1 所示。

（1）升支：脉搏波形中由基线升至主波波峰的一条上升曲线，是心室的快速射血时期。

（2）降支：脉搏波形中由主波波峰至基线的一条下降曲线，是心室射血后期至下一次心动周期的开始。

（3）主波：主体波幅，一般顶点为脉搏波形图的最高峰，反映动脉内压力与容积的最大值。

（4）潮波：又称为重搏前波，位于降支主波之后，一般低于主波而高于重搏波，反映左心室停止射血，动脉扩张降压，逆向反射波。

（5）降中峡：也称降中波，是由主波降支与重搏波升支构成的向下的波谷，表示主动脉静压排空时间，为心脏收缩与舒张的分界点。

（6）重搏波：是降支中突出的一个上升波，为主动脉瓣关闭、主动脉弹性回缩波。

脉搏波含有人体重要的生理信息，分析脉搏波和脉率对测量血氧饱和度具有重要的意义。

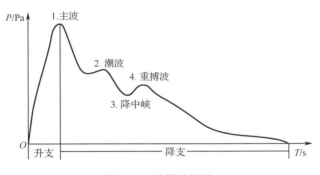

图 11-1　脉搏波结构

本章实验通过透射式测量方法实现一定范围内对血氧饱和度、脉率的精确测量，以及对脉搏波和手指脱落情况的实时监测。其中，模块 ID 为 0x13、二级 ID 为 0x02 的血氧波形数据包是由从机（人体生理参数监测系统）向主机（计算机）发送的血氧波形和手指脱落标志；模块 ID 为 0x13、二级 ID 为 0x03 的血氧数据包是由从机向主机发送的脉率和血氧饱和度，具体可参见附录 B。主机在接收到发送的血氧波形数据包和血氧数据包后，通过应用程序窗口实时显示脉搏波、手指脱落状态、血氧饱和度和脉率值。

11.2.2　设计框图

血氧监测与显示实验的设计框图如图 11-2 所示。

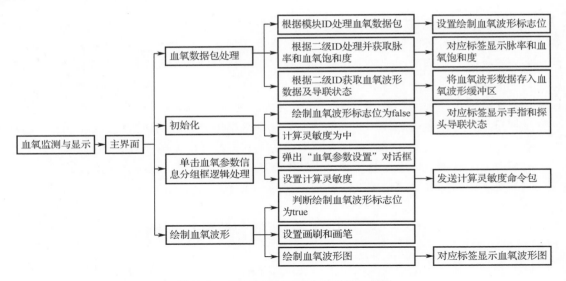

图 11-2　血氧监测与显示实验的设计框图

11.3　实验步骤

步骤 1：复制基准项目

将本书配套资料包中的"04.例程资料\Material\08.SPO2Monitor"文件夹复制到"D:\PyQt5Project"目录下。

步骤 2：复制并添加文件

将本书配套资料包中的"04.例程资料\Material\StepByStep"文件夹下的 form_spo2_ui.py 和 form_spo2_ui.ui 文件复制到"D:\PyQt5Project\08.SPO2Monitor"目录下。然后通过 PyCharm 打开项目。实际上，因为已经打开的 08.SPO2Monitor 项目是在第 10 章完成的项目，所以也可以基于第 10 章完成的项目开展本章实验。

步骤 3：新建并完善 form_spo2.py 文件

右键单击项目名，在右键快捷菜单中选择"新建"→"Python 文件"命令，新建一个 form_spo2.py 文件。然后双击打开新建的 form_spo2.py 文件，在文件中添加如程序清单 11-1 所示的代码。

程序清单 11-1

```
1.    from PyQt5 import QtWidgets
2.    from PyQt5.QtCore import pyqtSignal
3.    from form_spo2_ui import Ui_FormSPO2
4.    from PackUnpack import PackUnpack
5.
6.    class FormSpo2(QtWidgets.QWidget, Ui_FormSPO2):
7.        # 自定义信号
8.        spo2Signal = pyqtSignal(object)
9.
10.       def __init__(self):
```

```
11.         super(FormSpo2, self).__init__()
12.         # 打包/解包类
13.         self.mPackUnpack = PackUnpack()
14.         # 定义数据列表，长度为 10
15.         self.dataList = [0] * 10
16.         self.setupUi(self)
17.         self.init()
18.         # 关联槽函数
19.         self.okButton.clicked.connect(self.close)
20.         self.cancelButton.clicked.connect(self.close)
21.         self.sensComboBox.currentIndexChanged.connect(self.setSPO2Sens)
22.
23.     def init(self):
24.         # 禁用窗口最大化，禁止调整窗口大小
25.         self.setFixedSize(self.width(), self.height())
26.
27.     # 计算灵敏度下拉列表单击信号的槽函数
28.     def setSPO2Sens(self):
29.         self.dataList[:10] = [0] * 10           # 先置 0
30.         self.dataList[0] = 0x13
31.         self.dataList[1] = 0x80
32.         self.dataList[2] = self.sensComboBox.currentIndex() + 1
33.         self.mPackUnpack.packData(self.dataList)
34.         self.spo2Signal.emit(self.dataList)
```

步骤 4：完善 ParamMonitor.py 文件

双击打开 ParamMonitor.py 文件，在文件中添加第 4 行代码，如程序清单 11-2 所示。

程序清单 11-2

```
1.      ……
2.      from form_nibp import FormNibp
3.      from form_resp import FormResp
4.      from form_spo2 import FormSpo2
```

在__init__(self)方法中添加第 19～27 行代码，如程序清单 11-3 所示。

程序清单 11-3

```
1.  def __init__(self):
2.      super(ParamMonitor, self).__init__()
3.      self.setupUi(self)
4.      self.init()
5.      self.ser = serial.Serial()
6.      # 定义打包/解包类
7.      self.mPackUnpck = PackUnpack()
8.      self.mPackAfterUnpackArr = []        # 定义列表，保存解包数据
9.
10.     # Resp
11.     self.mRespWaveList = []               # 线性链表，内容为 Resp 的波形数据
```

```
12.        self.mRespXStep = 0                      # Resp 横坐标
13.        self.maxRespLength = self.respWaveLabel.width()
14.        self.maxRespHeight = self.respWaveLabel.height()
15.        self.pixmapResp = QPixmap(self.respWaveLabel.width(), self.respWaveLabel.height())
16.        self.pixmapResp.fill(Qt.white)           # 初始化呼吸画布
17.        self.respWaveLabel.setPixmap(self.pixmapResp)
18.        self.painterResp = QPainter(self.pixmapResp)
19.        # SPO2
20.        self.mSPO2WaveList = []                   # 线性链表，内容为 SpO2 的波形数据
21.        self.mSPO2XStep = 0                       # SpO2 横坐标
22.        self.maxSPO2Length = self.spo2WaveLabel.width()
23.        self.maxSPO2Height = self.spo2WaveLabel.height()
24.        self.pixmapSPO2 = QPixmap(self.spo2WaveLabel.width(), self.spo2WaveLabel.height())
25.        self.pixmapSPO2.fill(Qt.white)           # 初始化血氧画布
26.        self.spo2WaveLabel.setPixmap(self.pixmapSPO2)
27.        self.painterSPO2 = QPainter(self.pixmapSPO2)
```

在 init(self)方法中添加第 7 行代码，如程序清单 11-4 所示。

程序清单 11-4

```
1.    def init(self):
2.        ……
3.        # 指定组合框的事件监测，实现单击事件响应
4.        self.tempInfoGroupBox.installEventFilter(self)
5.        self.nibpInfoGroupBox.installEventFilter(self)
6.        self.respInfoGroupBox.installEventFilter(self)
7.        self.spo2InfoGroupBox.installEventFilter(self)
```

在 data_process(self)方法中添加第 13～14 行和第 20～22 行代码，如程序清单 11-5 所示。

程序清单 11-5

```
1.    # 处理已解包的数据
2.    def data_process(self):
3.        num = len(self.mPackAfterUnpackArr)                      # 列表数据长度
4.
5.        if num > 0:
6.            for i in range(num):
7.                if self.mPackAfterUnpackArr[i][0] == 0x12:        # 0x12:体温相关的数据包
8.                    self.analyzeTempData(self.mPackAfterUnpackArr[i])
9.                elif self.mPackAfterUnpackArr[i][0] == 0x14:      # 0x14:血压相关的数据包
10.                    self.analyzeNIBPData(self.mPackAfterUnpackArr[i])
11.                elif self.mPackAfterUnpackArr[i][0] == 0x11:      # 0x11:呼吸相关的数据包
12.                    self.analyzeRespData(self.mPackAfterUnpackArr[i])
13.                elif self.mPackAfterUnpackArr[i][0] == 0x13:      # 0x13:血氧相关的数据包
14.                    self.analyzeSPO2Data(self.mPackAfterUnpackArr[i])
15.            # 删掉已处理数据
16.            del self.mPackAfterUnpackArr[0:num]
17.        # 呼吸波形数据点大于 2 才开始画呼吸波形
```

```
18.        if len(self.mRespWaveList) > 2:
19.            self.drawRespWave()
20.        # 血氧波形数据点大于 2 才开始画血氧波形
21.        if len(self.mSPO2WaveList) > 2:
22.            self.drawSPO2Wave()
```

在 analyzeRespData()方法后面添加 analyzeSPO2Data()方法的实现代码，用于将血氧数据包中的数据取出，并显示到界面中，如程序清单 11-6 所示。

程序清单 11-6

```
1.    # 处理血氧数据
2.    def analyzeSPO2Data(self, data):
3.        if data[1] == 0x02:
4.            for i in range(2, 7):
5.                self.mSPO2WaveList.append(data[i])
6.            fingerLead = (data[7] & 0x80) >> 7
7.            sensorLead = (data[7] & 0x10) >> 4
8.            if fingerLead == 0x01:
9.                self.labelSPO2FingerOff.setStyleSheet("color:red")
10.               self.labelSPO2FingerOff.setText("手指脱落")
11.           else:
12.               self.labelSPO2FingerOff.setStyleSheet("color:green")
13.               self.labelSPO2FingerOff.setText("手指连接")
14.           if sensorLead == 0x01:
15.               self.labelSPO2PrbOff.setStyleSheet("color:red")
16.               self.labelSPO2PrbOff.setText("探头脱落")
17.           else:
18.               self.labelSPO2PrbOff.setStyleSheet("color:green")
19.               self.labelSPO2PrbOff.setText("探头连接")
20.
21.        elif data[1] == 0x03:
22.            pulseRate = data[3] << 8 | data[4]
23.            spo2Value = data[5]
24.            # pulseRate 的值在 0~320 才显示
25.            if pulseRate > 0:
26.                if pulseRate < 320:
27.                    self.labelSPO2PR.setText(str(pulseRate))
28.                else:
29.                    self.labelSPO2PR.setText("---")
30.            # spo2Value 的值在 0~100 才显示
31.            if spo2Value > 0:
32.                if spo2Value < 100:
33.                    self.labelSPO2Data.setText(str(spo2Value))
34.                else:
35.                    self.labelSPO2Data.setText("---")
```

在 drawRespWave(self)方法后面添加 drawSPO2Wave(self)方法的实现代码，用于绘制血氧波形，如程序清单 11-7 所示。

程序清单 11-7

```
1.    # 画 SpO2 波形
2.    def drawSPO2Wave(self):
3.        iCnt = len(self.mSPO2WaveList)
4.        self.painterSPO2.setBrush(Qt.white)
5.        self.painterSPO2.setPen(QPen(Qt.white, 1, Qt.SolidLine))
6.        if iCnt >= self.maxSPO2Length - self.mSPO2XStep:
7.            # 后半部分刷白
8.            rct = QRect(self.mSPO2XStep, 0, self.maxSPO2Length - self.mSPO2XStep, self.maxSPO2Height)
9.            self.painterSPO2.drawRect(rct)
10.           # 前面部分刷白
11.           rct = QRect(0, 0, 10 + iCnt - (self.maxSPO2Length - self.mSPO2XStep), self.maxSPO2Height)
12.           self.painterSPO2.drawRect(rct)
13.       else:
14.           # 指定部分刷白
15.           rct = QRect(self.mSPO2XStep, 0, iCnt + 10, self.maxSPO2Height)
16.           self.painterSPO2.drawRect(rct)
17.       # 设置画笔
18.       self.painterSPO2.setPen(QPen(Qt.black, 2, Qt.SolidLine))
19.       # 画图
20.       for i in range(iCnt - 1):
21.           point1 = QPoint(self.mSPO2XStep, self.maxSPO2Height - self.mSPO2WaveList[i] / 2)
22.           point2 = QPoint(self.mSPO2XStep + 1, self.maxSPO2Height - self.mSPO2WaveList[i + 1] / 2)
23.           self.painterSPO2.drawLine(point1, point2)
24.           self.mSPO2XStep += 1
25.           if self.mSPO2XStep >= self.maxSPO2Length:
26.               self.mSPO2XStep = 0
27.       # 删掉 iCnt-1 个数据，保留最后一个数据，下次画图时，起点与现在尾端接上，不会出现断线
28.       del self.mSPO2WaveList[0:iCnt - 1]
29.       # 更新波形
30.       self.spo2WaveLabel.setPixmap(self.pixmapSPO2)
```

在 eventFilter()方法中添加第 27～34 行代码，添加呼吸组合框的单击事件响应，如程序清单 11-8 所示。

程序清单 11-8

```
1.    # 单击各个参数组合框的事件过滤器
2.    def eventFilter(self, a0: 'QObject', a1: 'QEvent') -> bool:
3.        if a0 == self.tempInfoGroupBox:
4.            if a1.type() == a1.MouseButtonPress:
5.                if self.ser.isOpen():
6.                    self.formTemp = FormTemp()
7.                    self.formTemp.tempSignal.connect(self.slot_temp)
8.                    self.formTemp.show()
9.                else:
10.                   QMessageBox.information(None, '消息', '串口未打开', QMessageBox.Ok)
11.       elif a0 == self.nibpInfoGroupBox:
```

```
12.         if a1.type() == a1.MouseButtonPress:
13.             if self.ser.isOpen():
14.                 self.formNibp = FormNibp()
15.                 self.formNibp.nibpSignal.connect(self.slot_nibp)
16.                 self.formNibp.show()
17.             else:
18.                 QMessageBox.information(None, '消息', '串口未打开', QMessageBox.Ok)
19.     elif a0 == self.respInfoGroupBox:
20.         if a1.type() == a1.MouseButtonPress:
21.             if self.ser.isOpen():
22.                 self.formResp = FormResp()
23.                 self.formResp.respSignal.connect(self.slot_resp)
24.                 self.formResp.show()
25.             else:
26.                 QMessageBox.information(None, '消息', '串口未打开', QMessageBox.Ok)
27.     elif a0 == self.spo2InfoGroupBox:
28.         if a1.type() == a1.MouseButtonPress:
29.             if self.ser.isOpen():
30.                 self.formSpo2 = FormSpo2()
31.                 self.formSpo2.spo2Signal.connect(self.slot_spo2)
32.                 self.formSpo2.show()
33.             else:
34.                 QMessageBox.information(None, '消息', '串口未打开', QMessageBox.Ok)
35.     return False
```

最后在 slot_resp()方法后面添加 slot_spo2()方法的实现代码，如程序清单 11-9 所示。

程序清单 11-9

```
1.  #  "血氧参数设置"对话框中 spo2Signal 信号的槽函数
2.  def slot_spo2(self, data):
3.      self.data_send(data)
```

步骤 5：编译运行验证程序

单击▶按钮运行程序，然后将人体生理参数监测系统硬件平台通过 USB 线连接到计算机，打开硬件平台，并设置为演示模式、USB 连接及输出血氧数据，单击项目界面菜单栏的"串口设置"选项，在弹出的窗口中完成串口的配置，单击"打开串口"按钮，即可看到动态显示的血氧波形，以及血氧饱和度、脉率、导联状态，如图 11-3 所示。由于血氧监测与显示应用程序已经包含了体温、血压和呼吸监测与显示的功能，因此，如果人体生理参数监测系统硬件平台处于"五参演示"模式，则可以同时看到动态的体温、血压、呼吸和血氧参数。

图 11-3　血氧数据演示

本章任务

　　基于前面学习的知识及对本章代码的理解，以及在第 7 章完成的独立测量血氧界面，设计一个只监测和显示血氧参数的应用。

 本章习题

　　1．脉率和心率有什么区别？

　　2．正常成人的血氧饱和度的取值范围是多少？正常新生儿的血氧饱和度的取值范围是多少？

　　3．如果血氧波形数据 1～5 均为 128，血氧探头和手指均为脱落状态，那么按照附录 B 定义的血氧波形数据包应该是怎样的？

第 12 章　心电监测与显示

在实现体温、血压、呼吸与血氧监测的基础上，本章继续添加心电监测的底层驱动程序，并对心电数据处理过程进行详细介绍。

12.1　实验内容

本实验主要编写和完善以下功能的代码：①在"心电"显示区中显示心率和探头导联状态；②双击"心电"显示区后弹出"心电设置"窗口；③在"ECG1"和"ECG2"区中显示心电波形。

12.2　实验原理

12.2.1　心电测量原理

心电信号来源于心脏的周期性活动。在每个心动周期中，心脏窦房结细胞内外首先产生电位的急剧变化（动作电位），而这种电位的变化通过心肌细胞依次向心房和心室传播，并在体表不同部位形成一次有规律的电位变化。将体表不同时期的电位差信号连续采集、放大，并连续实时地显示，便形成心电图（ECG）。

在人体不同部位放置电极，并通过导联线与心电图机放大电路的正负极相连，这种记录心电图的电路连接方法称为心电图导联。目前广泛采纳的国际通用导联体系称为常规 12 导联体系，包括与肢体相连的肢体导联和与胸部相连的胸导联。

心电测量主要有以下功能：记录人体心脏的电活动，诊断是否存在心率失常的情况；诊断心肌梗死的部位、范围和程度，有助于预防冠心病；判断药物或电解质情况对心脏的影响，例如，有房颤的患者在服用胺碘酮药物后应定期做心电测量，以便于观察疗效；判断人工心脏起搏器的工作状况。

心电图是心脏搏动时产生的生物电位变化曲线，是客观反映心脏电兴奋的发生、传播及恢复过程的重要生理指标，如图 12-1 所示。

临床上根据心电图波形的形态、波幅及各波之间的时间关系，能诊断出心脏可能发生的疾病，如心律不齐、心肌梗死、期前收缩、心脏异位搏动等。

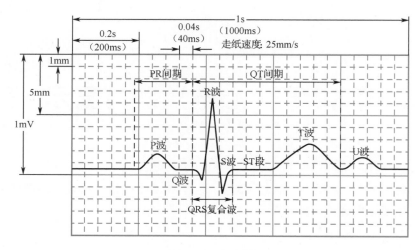

图 12-1 心电图

心电图信号主要包括以下几个典型波形和波段。

1. P 波

心脏的兴奋发源于窦房结，最先传至心房。因此，心电图各波中最先出现的是代表左右心房兴奋过程的 P 波。心脏兴奋在向两心房传播的过程中，其心电去极化的综合向量先指向左下肢，然后逐渐转向左上肢。如果将各瞬间心房去极化的综合向量连接起来，便形成一个代表心房去极化的空间向量环，简称 P 环。通过 P 环在各导联轴上的投影即得出各导联上不同的 P 波。P 波形小而圆钝，随各导联稍有不同。P 波的时间为 0.06～0.10s，电压幅度为 0.05～0.25mV。

2. PR 段

PR 段是指从 P 波终点到 QRS 复合波起点的间隔时间，它通常与基线为同一水平线。PR 段代表从心房开始兴奋到心室开始兴奋的时间，即兴奋通过心房、房室结和房室束的传导时间。成人的 PR 段一般为 0.12～0.20s，小儿的稍短。PR 段随着年龄的增长有加长的趋势。

3. QRS 复合波

QRS 复合波代表两心室兴奋传播过程的电位变化。由窦房结产生的兴奋波，经传导系统首先到达室间隔的左侧面，然后按一定的路线和方向，由内层向外层依次传播。随着心室各部位先后去极化形成多个瞬间综合心电向量，在额面的导联轴上的投影，便是心电图肢体导联的 QRS 复合波。典型的 QRS 复合波包括三个相连的波动。第一个向下的波为 Q 波，继 Q 波后一个狭窄向上的波为 R 波，与 R 波相连接的又一个向下的波为 S 波。由于这三个波紧密相连且总时间不超过 0.10s，故合称 QRS 复合波。QRS 复合波所占时间代表心室肌兴奋传播所需的时间，正常人为 0.06～0.10s。

4. ST 段

ST 段是指从 QRS 复合波终点到 T 波起点的间隔时间，为水平线。它反映心室各部位在兴奋后所处的去极化状态，故无电位差。正常时接近于基线，向下偏移应不超过 0.05mV，向上偏移应不超过 0.1mV。

5. T 波

T 波是继 QRS 复合波后的一个波幅较小而波宽较宽的电波，它反映心室兴奋后复极化的过程。心室复极化的顺序与去极化过程相反，它缓慢地由外层向内层进行。在外层已去极化部分的负电位首先恢复到静息时的正电位，使外层为正，内层为负，因此与去极化时向量的方向基本相同。连接心室复极化各瞬间向量所形成的轨迹，就是心室复极化心电向量环，简称 T 环。T 环的投影即 T 波。

复极化过程与心肌代谢有关，因而较去极化过程缓慢，占时较长。T 波与 ST 段同样具有重要的诊断意义。如果 T 波倒置，则说明发生心肌梗死。

在以 R 波为主的心电图上，T 波不应低于 R 波的 1/10。

6. U 波

U 波是在 T 波后 0.02～0.04s 出现的宽而低的波，波幅多小于 0.05mV，宽约为 0.20s。临床上一般认为，U 波可能是由心脏舒张时各部位产生的后电位而形成的，也有人认为是浦肯野纤维再极化的结果。正常情况下，不容易记录到微弱的 U 波，当血钾不足、甲状腺功能亢进或服用强心药（如洋地黄等）时，都会使 U 波增大而被捕捉到。

表 12-1 所示为正常成人心电图各个波形的典型值范围。

表 12-1　正常成人心电图各个波形的典型值范围

波形名称	电压幅度/mV	时间/s
P 波	0.05～0.25	0.06～0.10
Q 波	小于 R 波的 1/4	小于 0.04
R 波	0.5～2.0	—
S 波	—	0.06～0.11
T 波	0.1～1.5	0.05～0.25
U 波	小于 0.05	0.02～0.04
PR 段	与基线同一水平	0.12～0.20
PR 间期	—	0.12～0.20
ST 段	0.05～0.1	0.05～0.15
QT 间期	—	小于 0.44
QRS 复合波	—	0.06～0.10s

本章实验通过心电导联实现一定范围内对心率的精确测量，以及对心电波和导联脱落情况的实时监测。其中，模块 ID 为 0x10、二级 ID 为 0x02 的心电波形数据包是由从机（人体生理参数监测系统）向主机（计算机）发送的两通道心电波形；模块 ID 为 0x10、二级 ID 为 0x03 的心电导联信息数据包是由从机向主机发送的心电导联信息；模块 ID 为 0x10、二级 ID 为 0x04 的心电波形数据包是由从机向主机发送的心率值，具体可参见附录 B。主机在接收到从机发送的心电波形、心电导联信息和心率数据包后，通过应用程序窗口实时显示心电波、导联脱落状态和心率值。

12.2.2　设计框图

心电监测与显示实验的设计框图如图 12-2 所示。

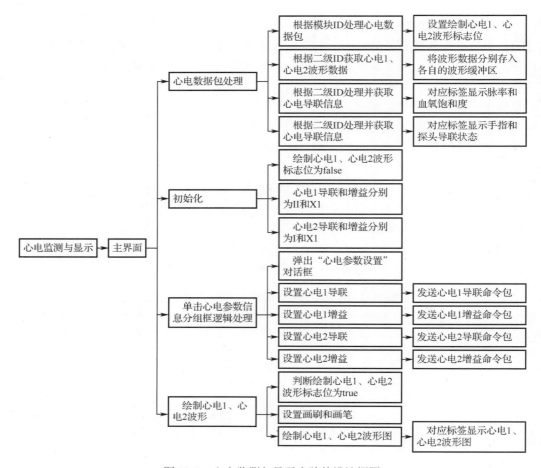

图 12-2　心电监测与显示实验的设计框图

12.3　实验步骤

步骤 1：复制基准项目

将本书配套资料包中的 "04.例程资料\Material\09.ECGMonitor" 文件夹复制到 "D:\PyQt5Project" 目录下。

步骤 2：复制并添加文件

将本书配套资料包中的 "04.例程资料\Material\StepByStep" 文件夹下的 form_ecg_ui.py 和 form_ecg_ui.ui 文件复制到 "D:\PyQt5Project\09.ECGMonitor" 目录下。然后通过 PyCharm 打开项目。实际上，已经打开的 09.ECGMonitor 项目是在第 11 章完成的项目，所以也可以基于第 11 章完成的项目开展本章实验。

步骤 3：新建并完善 form_ecg.py 文件

右键单击项目名，在右键快捷菜单中选择 "新建" → "Python 文件" 命令，新建一个 form_ecg.py 文件。然后双击打开新建的 form_ecg.py 文件，在文件中添加如程序清单 12-1 所示的代码。

程序清单 12-1

```
1.    from PyQt5 import QtWidgets, QtCore, Qt
2.    from PyQt5.QtCore import pyqtSignal
3.    from form_ecg_ui import Ui_FormECG
4.    from PackUnpack import PackUnpack
5.
6.
7.    class FormEcg(QtWidgets.QWidget, Ui_FormECG):
8.        # 自定义信号
9.        ecgSignal = pyqtSignal(object)
10.
11.       def __init__(self):
12.           super(FormEcg, self).__init__()
13.           # 打包/解包类
14.           self.mPackUnpack = PackUnpack()
15.           # 定义数据列表，长度为 10
16.           self.dataList = [0] * 10
17.           self.setupUi(self)
18.           self.init()
19.
20.       def init(self):
21.           # 禁用窗口最大化，禁止调整窗口大小
22.           self.setFixedSize(self.width(), self.height())
23.           # 关联槽函数
24.           self.ecg1LeadSetComboBox.currentIndexChanged.connect(self.setECG1Lead)
25.           self.ecg1GainSetComboBox.currentIndexChanged.connect(self.setECG1Gain)
26.           self.ecg2LeadSetComboBox.currentIndexChanged.connect(self.setECG2Lead)
27.           self.ecg2GainSetComboBox.currentIndexChanged.connect(self.setECG2Gain)
28.
29.       # ECG1 导联设置下拉列表单击信号的槽函数
30.       def setECG1Lead(self):
31.           self.dataList[:10] = [0] * 10  # 先置 0
32.           self.dataList[0] = 0x14
33.           self.dataList[1] = 0x81
34.           self.dataList[2] = self.ecg1LeadSetComboBox.currentIndex() + 1
35.           self.mPackUnpack.packData(self.dataList)
36.           self.ecgSignal.emit(self.dataList)
37.
38.       # ECG1 增益设置下拉列表单击信号的槽函数
39.       def setECG1Gain(self):
40.           self.dataList[:10] = [0] * 10  # 先置 0
41.           self.dataList[0] = 0x10
42.           self.dataList[1] = 0x83
43.           self.dataList[2] = self.ecg1GainSetComboBox.currentIndex()
44.           self.mPackUnpack.packData(self.dataList)
45.           self.ecgSignal.emit(self.dataList)
46.
```

```
47.     # ECG2 导联设置下拉列表单击信号的槽函数
48.     def setECG2Lead(self):
49.         self.dataList[:10] = [0] * 10   # 先置 0
50.         self.dataList[0] = 0x10
51.         self.dataList[1] = 0x81
52.         self.dataList[2] = (1 << 4) | (self.ecg2LeadSetComboBox.currentIndex() + 1)
53.         self.mPackUnpack.packData(self.dataList)
54.         self.ecgSignal.emit(self.dataList)
55.
56.     # ECG2 增益设置下拉列表单击信号的槽函数
57.     def setECG2Gain(self):
58.         self.dataList[:10] = [0] * 10   # 先置 0
59.         self.dataList[0] = 0x10
60.         self.dataList[1] = 0x83
61.         self.dataList[2] = (1 << 4) | self.ecg2GainSetComboBox.currentIndex()
62.         self.mPackUnpack.packData(self.dataList)
63.         self.ecgSignal.emit(self.dataList)
```

步骤 4：完善 ParamMonitor.py 文件

双击打开 ParamMonitor.py 文件，在文件中添加第 4 行代码，如程序清单 12-2 所示。

程序清单 12-2

```
1.      ……
2.      from form_resp import FormResp
3.      from form_spo2 import FormSpo2
4.      from form_ecg import FormEcg
```

在 __init__(self)方法中添加第 28～45 行代码，如程序清单 12-3 所示。

程序清单 12-3

```
1.   def __init__(self):
2.       super(ParamMonitor, self).__init__()
3.       self.setupUi(self)
4.       self.init()
5.       self.ser = serial.Serial()
6.       # 定义打包/解包类
7.       self.mPackUnpck = PackUnpack()
8.       self.mPackAfterUnpackArr = []          # 定义列表，保存解包数据
9.
10.      # Resp
11.      self.mRespWaveList = []                 # 线性链表，内容为 Resp 的波形数据
12.      self.mRespXStep = 0                     # Resp 横坐标
13.      self.maxRespLength = self.respWaveLabel.width()
14.      self.maxRespHeight = self.respWaveLabel.height()
15.      self.pixmapResp = QPixmap(self.respWaveLabel.width(), self.respWaveLabel.height())
16.      self.pixmapResp.fill(Qt.white)          # 初始化呼吸画布
17.      self.respWaveLabel.setPixmap(self.pixmapResp)
18.      self.painterResp = QPainter(self.pixmapResp)
```

```
19.        # SpO2
20.        self.mSPO2WaveList = []              # 线性链表，内容为 SpO2 的波形数据
21.        self.mSPO2XStep = 0                  # SpO2 横坐标
22.        self.maxSPO2Length = self.spo2WaveLabel.width()
23.        self.maxSPO2Height = self.spo2WaveLabel.height()
24.        self.pixmapSPO2 = QPixmap(self.spo2WaveLabel.width(), self.spo2WaveLabel.height())
25.        self.pixmapSPO2.fill(Qt.white)       # 初始化血氧画布
26.        self.spo2WaveLabel.setPixmap(self.pixmapSPO2)
27.        self.painterSPO2 = QPainter(self.pixmapSPO2)
28.        # ECG1
29.        self.mECG1WaveList = []              # 线性链表，内容为 ECG1 的波形数据
30.        self.mECG1XStep = 0                  # ECG1 横坐标
31.        self.maxECG1Length = self.ecg1WaveLabel.width()
32.        self.maxECG1Height = self.ecg1WaveLabel.height()
33.        self.pixmapECG1 = QPixmap(self.ecg1WaveLabel.width(), self.ecg1WaveLabel.height())
34.        self.pixmapECG1.fill(Qt.white)       # 初始化 ECG1 画布
35.        self.ecg1WaveLabel.setPixmap(self.pixmapECG1)
36.        self.painterEcg1 = QPainter(self.pixmapECG1)
37.        # ECG2
38.        self.mECG2WaveList = []              # 线性链表，内容为 ECG2 的波形数据
39.        self.mECG2XStep = 0                  # ECG2 横坐标
40.        self.maxECG2Length = self.ecg2WaveLabel.width()
41.        self.maxECG2Height = self.ecg2WaveLabel.height()
42.        self.pixmapECG2 = QPixmap(self.ecg2WaveLabel.width(), self.ecg2WaveLabel.height())
43.        self.pixmapECG2.fill(Qt.white)       # 初始化 ECG2 画布
44.        self.ecg2WaveLabel.setPixmap(self.pixmapECG2)
45.        self.painterEcg2 = QPainter(self.pixmapECG2)
```

在 init(self)方法中添加第 8 行代码，如程序清单 12-4 所示。

程序清单 12-4

```
1.  def init(self):
2.      ……
3.      # 指定组合框的事件监测，实现单击事件响应
4.      self.tempInfoGroupBox.installEventFilter(self)
5.      self.nibpInfoGroupBox.installEventFilter(self)
6.      self.respInfoGroupBox.installEventFilter(self)
7.      self.spo2InfoGroupBox.installEventFilter(self)
8.      self.ecgInfoGroupBox.installEventFilter(self)
```

在 data_process(self)方法中添加第 15～16 行和第 25～28 行代码，如程序清单 12-5 所示。

程序清单 12-5

```
1.  # 处理已解包的数据
2.  def data_process(self):
3.      num = len(self.mPackAfterUnpackArr)                  # 列表数据长度
4.
5.      if num > 0:
```

```
6.        for i in range(num):
7.            if self.mPackAfterUnpackArr[i][0] == 0x12:        # 0x12:体温相关的数据包
8.                self.analyzeTempData(self.mPackAfterUnpackArr[i])
9.            elif self.mPackAfterUnpackArr[i][0] == 0x14:        # 0x14:血压相关的数据包
10.               self.analyzeNIBPData(self.mPackAfterUnpackArr[i])
11.           elif self.mPackAfterUnpackArr[i][0] == 0x11:        # 0x11:呼吸相关的数据包
12.               self.analyzeRespData(self.mPackAfterUnpackArr[i])
13.           elif self.mPackAfterUnpackArr[i][0] == 0x13:        # 0x13:血氧相关的数据包
14.               self.analyzeSPO2Data(self.mPackAfterUnpackArr[i])
15.           elif self.mPackAfterUnpackArr[i][0] == 0x10:        # 0x10:心电相关的数据包
16.               self.analyzeECGData(self.mPackAfterUnpackArr[i])
17.       # 删掉已处理数据
18.       del self.mPackAfterUnpackArr[0:num]
19.   # 呼吸波形数据点大于 2 才开始画呼吸波形
20.   if len(self.mRespWaveList) > 2:
21.       self.drawRespWave()
22.   # 血氧波形数据点大于 2 才开始画血氧波形
23.   if len(self.mSPO2WaveList) > 2:
24.       self.drawSPO2Wave()
25.   # 心电波形数据点大于 10 才开始画心电波形
26.   if len(self.mECG1WaveList) > 10:
27.       self.drawECG1Wave()
28.       self.drawECG2Wave()
```

在 analyzeSPO2Data()方法后面，添加 analyzeECGData()方法的实现代码，用于将心电数据包中的数据取出，并显示到界面中，如程序清单 12-6 所示。

程序清单 12-6

```
1.   # 处理心电数据
2.   def analyzeECGData(self, data):
3.       if data[1] == 0x02:
4.           ecg1Data = data[2] << 8 | data[3]
5.           ecg2Data = data[4] << 8 | data[5]
6.           self.mECG1WaveList.append(ecg1Data)        # ECG1 波形数据存储到列表 1
7.           self.mECG2WaveList.append(ecg2Data)        # ECG2 波形数据存储到列表 2
8.       elif data[1] == 0x03:
9.           leadLL = data[2] & 0x01
10.          leadLA = data[2] & 0x02
11.          leadRA = data[2] & 0x04
12.          leadV = data[2] & 0x08
13.          if leadLL == 0x01:
14.              self.leadLLLabel.setStyleSheet("color:red")
15.          else:
16.              self.leadLLLabel.setStyleSheet("color:green")
17.          if leadLA == 0x02:
18.              self.leadLALabel.setStyleSheet("color:red")
19.          else:
```

```
20.            self.leadLALabel.setStyleSheet("color:green")
21.        if leadRA == 0x04:
22.            self.leadRALabel.setStyleSheet("color:red")
23.        else:
24.            self.leadRALabel.setStyleSheet("color:green")
25.        if leadV == 0x08:
26.            self.leadVLabel.setStyleSheet("color:red")
27.        else:
28.            self.leadVLabel.setStyleSheet("color:green")
29.    elif data[1] == 0x04:
30.        hr = (data[2] << 8) | data[3]
31.        # hr 的值在 0~300 才显示
32.        if hr > 0:
33.            if hr < 300:
34.                self.heartRateLabel.setText(str(hr))
35.            else:
36.                self.heartRateLabel.setText("---")
```

在 drawSPO2Wave(self)方法后面，添加 drawECG1Wave(self)和 drawECG2Wave(self)方法的实现代码，用于绘制 ECG1 和 ECG2 波形，如程序清单 12-7 所示。

程序清单 12-7

```
1.  # 画 ECG1 波形
2.  def drawECG1Wave(self):
3.      iCnt = len(self.mECG1WaveList)
4.      self.painterEcg1.setBrush(Qt.white)
5.      self.painterEcg1.setPen(QPen(Qt.white, 1, Qt.SolidLine))
6.      if iCnt >= self.maxECG1Length - self.mECG1XStep:
7.          # 后半部分刷白
8.          rct = QRect(self.mECG1XStep, 0, self.maxECG1Length - self.mECG1XStep, self.maxECG1Height)
9.          self.painterEcg1.drawRect(rct)
10.         # 前面部分刷白
11.         rct = QRect(0, 0, 10 + iCnt - (self.maxECG1Length - self.mECG1XStep), self.maxECG1Height)
12.         self.painterEcg1.drawRect(rct)
13.     else:
14.         # 指定部分刷白
15.         rct = QRect(self.mECG1XStep, 0, iCnt + 10, self.maxECG1Height)
16.         self.painterEcg1.drawRect(rct)
17.     # 设置画笔
18.     self.painterEcg1.setPen(QPen(Qt.black, 2, Qt.SolidLine))
19.     # 画图
20.     for i in range(iCnt - 1):
21.         point1 = QPoint(self.mECG1XStep, self.maxECG1Height / 2 - (self.mECG1WaveList[i] - 2048) / 15)
22.         point2 = QPoint(self.mECG1XStep + 1, self.maxECG1Height / 2 - (self.mECG1WaveList[i + 1] -
            2048) / 15)
23.         self.painterEcg1.drawLine(point1, point2)
24.         self.mECG1XStep += 1
```

```
25.        if self.mECG1XStep >= self.maxECG1Length:
26.            self.mECG1XStep = 0
27.    # 删除 iCnt-1 个数据，保留最后一个数据，下次画图时，起点与现在尾端接上，不会出现断线
28.    del self.mECG1WaveList[0:iCnt - 1]
29.    # 更新波形
30.    self.ecg1WaveLabel.setPixmap(self.pixmapECG1)
31.
32. # 画 ECG2 波形
33. def drawECG2Wave(self):
34.    iCnt = len(self.mECG2WaveList)
35.    self.painterEcg2.setBrush(Qt.white)
36.    self.painterEcg2.setPen(QPen(Qt.white, 1, Qt.SolidLine))
37.    if iCnt >= self.maxECG2Length - self.mECG2XStep:
38.        # 后半部分刷白
39.        rct = QRect(self.mECG2XStep, 0, self.maxECG2Length - self.mECG2XStep, self.maxECG2Height)
40.        self.painterEcg2.drawRect(rct)
41.        # 前面部分刷白
42.        rct = QRect(0, 0, 10 + iCnt - (self.maxECG2Length - self.mECG2XStep), self.maxECG2Height)
43.        self.painterEcg2.drawRect(rct)
44.    else:
45.        # 指定部分刷白
46.        rct = QRect(self.mECG2XStep, 0, iCnt + 10, self.maxECG2Height)
47.        self.painterEcg2.drawRect(rct)
48.    # 设置画笔
49.    self.painterEcg2.setPen(QPen(Qt.black, 2, Qt.SolidLine))
50.    # 画图
51.    for i in range(iCnt - 1):
52.        point1 = QPoint(self.mECG2XStep, self.maxECG2Height / 2 - (self.mECG2WaveList[i] - 2048) / 15)
53.        point2 = QPoint(self.mECG2XStep + 1, self.maxECG2Height / 2 - (self.mECG2WaveList[i + 1] - 2048) / 15)
54.        self.painterEcg2.drawLine(point1, point2)
55.        self.mECG2XStep += 1
56.        if self.mECG2XStep >= self.maxECG2Length:
57.            self.mECG2XStep = 0
58.    # 删除 iCnt-1 个数据，保留最后一个数据，下次画图时，起点与现在尾端接上，不会出现断线
59.    del self.mECG2WaveList[0:iCnt - 1]
60.    # 更新波形
61.    self.ecg2WaveLabel.setPixmap(self.pixmapECG2)
```

在 eventFilter()方法中添加第 35～42 行代码，添加心电组合框的单击事件响应，如程序清单 12-8 所示。

程序清单 12-8

```
1. # 单击各个参数组合框的事件过滤器
2. def eventFilter(self, a0: 'QObject', a1: 'QEvent') -> bool:
3.    if a0 == self.tempInfoGroupBox:
4.        if a1.type() == a1.MouseButtonPress:
```

```
5.              if self.ser.isOpen():
6.                  self.formTemp = FormTemp()
7.                  self.formTemp.tempSignal.connect(self.slot_temp)
8.                  self.formTemp.show()
9.              else:
10.                 QMessageBox.information(None, '消息', '串口未打开', QMessageBox.Ok)
11.         elif a0 == self.nibpInfoGroupBox:
12.             if a1.type() == a1.MouseButtonPress:
13.                 if self.ser.isOpen():
14.                     self.formNibp = FormNibp()
15.                     self.formNibp.nibpSignal.connect(self.slot_nibp)
16.                     self.formNibp.show()
17.                 else:
18.                     QMessageBox.information(None, '消息', '串口未打开', QMessageBox.Ok)
19.         elif a0 == self.respInfoGroupBox:
20.             if a1.type() == a1.MouseButtonPress:
21.                 if self.ser.isOpen():
22.                     self.formResp = FormResp()
23.                     self.formResp.respSignal.connect(self.slot_resp)
24.                     self.formResp.show()
25.                 else:
26.                     QMessageBox.information(None, '消息', '串口未打开', QMessageBox.Ok)
27.         elif a0 == self.spo2InfoGroupBox:
28.             if a1.type() == a1.MouseButtonPress:
29.                 if self.ser.isOpen():
30.                     self.formSpo2 = FormSpo2()
31.                     self.formSpo2.spo2Signal.connect(self.slot_spo2)
32.                     self.formSpo2.show()
33.                 else:
34.                     QMessageBox.information(None, '消息', '串口未打开', QMessageBox.Ok)
35.         elif a0 == self.ecgInfoGroupBox:
36.             if a1.type() == a1.MouseButtonPress:
37.                 if self.ser.isOpen():
38.                     self.formEcg = FormEcg()
39.                     self.formEcg.ecgSignal.connect(self.slot_ecg)
40.                     self.formEcg .show()
41.                 else:
42.                     QMessageBox.information(None, '消息', '串口未打开', QMessageBox.Ok)
43.         return False
```

最后在 slot_spo2()方法后面，添加 slot_ecg()方法的实现代码，如程序清单 12-9 所示。

程序清单 12-9

```
1.    # "心电参数设置"对话框中 ecgSignal 信号的槽函数
2.    def slot_ecg(self, data):
3.        self.data_send(data)
```

步骤 5：编译运行验证程序

单击 ▶ 按钮运行程序，然后将人体生理参数监测系统硬件平台通过 USB 线连接到计算机，打开硬件平台，并设置为演示模式、USB 连接及输出心电数据，单击项目界面菜单栏的"串口设置"选项，在弹出的窗口中完成串口的配置，单击"打开串口"按钮，即可看到动态显示的两通道心电波形、心率和心电导联信息，如图 12-3 所示。由于心电监测与显示应用程序已经包含了体温、血压、呼吸和血氧监测与显示的功能，因此，如果人体生理参数监测系统硬件平台处于"五参演示"模式，则可以同时看到动态的体温、血压、呼吸、血氧和心电参数。

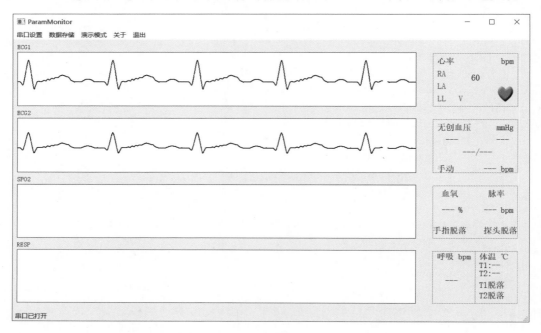

图 12-3　心电数据演示

本章任务

基于前面学习的知识及对本章代码的理解，以及在第 7 章完成的独立测量心电界面，设计一个只监测与显示心电参数的应用。

本章习题

1．心电的 RA、LA、RL、LL 和 V 分别代表什么？
2．正常成人心率的取值范围是多少？正常新生儿心率的取值范围是多少？
3．如果心率为 80bpm，按照附录 B 定义的心率数据包应该是怎样的？

第13章 数据存储

通过第 8~12 章的 5 个实验，实现了五大生理参数的监测功能。本章将在其基础上进一步实现数据存储功能。

13.1 实验内容

本实验主要编写和完善以下功能的代码：①单击项目界面菜单栏的"数据存储"选项，弹出"数据存储"对话框；②在"数据存储"对话框实现存储文件的索引。

13.2 实验原理

13.2.1 设计框图

数据存储实验的设计框图如图 13-1 所示。

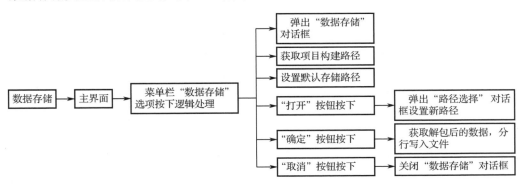

图 13-1 数据存储实验的设计框图

13.2.2 数据存储说明

本章进行数据存储主要使用了 QFileDialog 类的 getSaveFileName()方法与内置的 open()方法。getSaveFileName()方法用于弹出"保存"对话框，让用户选择要保存的文件路径和文件名，方法原型为 getSaveFileName(parent: QWidget = None, caption: str = '', directory: str = '', filter: str = '', initialFilter: str = '', options: Union[QFileDialog.Options, QFileDialog.Option] = 0)。第 1 个参数 parent 指定父组件；第 2 个参数 caption 指定对话框的标题；第 3 个参数 directory

指定显示对话框时默认打开的目录；第 4 个参数 filter 指定文件过滤器，指定允许保存的文件类型，第 5 个参数 initialFilter 为默认选择的过滤器，指向 filter；第 6 个参数 options 指定对话框的运行模式，如只显示文件夹等。其中，参数 initialFilter 和 options 可以省略。filter 指定多个过滤器时，使用";;"隔开，常用示例如下所示。

```
filename, _ = QFileDialog.getSaveFileName(self, '保存文件', os.getcwd(), " All File(*);;Text Files(*.txt)")
```

打开一个对话框，标题为"保存文件"，os.getcwd()返回当前应用程序所在的路径，允许保存的文件类型为 All Files (*)和 Text Files (*.txt)。

在进行数据存储时需要考虑几个问题，分别为存储数据的类型、存储数据的格式和存储数据量。

1）存储数据的类型

若存储的是未解包的数据，则可在串口刚接收到数据时进行存储，即在 data_receive(self)方法里进行存储；如果存储的是解包后的数据，那么可以在处理已解包数据的 data_process(self)方法里进行，本章实验存储的是已解包的数据；如果存储的是各个参数的具体数值或波形点，那么可以在各个参数的处理方法里进行存储，例如要存储体温参数的具体数值，那么可以在 analyzeTempData(self, data)方法里进行存储。

2）存储数据的格式

在将数据写入存储文件时可以考虑两种写法：一种是每次获取数据时，直接在文件的末尾处写入数据，存储结束后，在存储文件里得到一串很长的数据，这种写法比较方便后期读取波形点，但对于数据包类型的数据不便于直观分析；另一种是在获取到数据时，根据数据类型和实际需求按行写入文件，例如本实验存储的是已解包的数据，所以每获取到 8 字节解包数据就写入存储文件并换行，这样比较方便后期在存储文件里找到所需数据。

3）存储数据量

在开启数据存储后，需要考虑在合适的时机关闭存储，否则存储数据量过大会对内存造成负担。限制存储数据量的方式很多，这里提供两种思路：

（1）从写入的次数进行限制，例如本实验是按行写入数据的，每次开启存储后，当写入指定行数据时关闭存储。

（2）从写入的时间进行限制，例如每次开启存储后，只存储 1min 时长的数据就关闭存储。

13.3 实验步骤

步骤 1：复制基准项目

将本书配套资料包中的"04.例程资料\Material\10.SaveDataMonitor"文件夹复制到"D:\PyQt5Project"目录下。

步骤 2：复制并添加文件

将本书配套资料包中的"04.例程资料\Material\StepByStep"文件夹下的 form_savedata_ui.py 和 form_savedata_ui.ui 文件复制到"D:\PyQt5Project\10.SaveDataMonitor"目录下。然后通过 PyCharm 打开项目。实际上，已经打开的 10.SaveDataMonitor 项目是在第 12 章完成的项目，所以也可以基于第 12 章完成的项目开展本章实验。

步骤 3：新建并完善 form_savedata.py 文件

右键单击项目名，在右键快捷菜单中选择"新建"→"Python 文件"命令，新建一个 form_savedata.py 文件。然后双击打开新建的 form_savedata.py 文件，在文件中添加如程序清单 13-1 所示的代码。

程序清单 13-1

```
1.    import os
2.    from PyQt5 import QtWidgets
3.    from PyQt5.QtCore import pyqtSignal
4.    from PyQt5.QtWidgets import QFileDialog
5.    from form_savedata_ui import Ui_FormSaveData
6.
7.
8.    class SaveData(QtWidgets.QWidget, Ui_FormSaveData):
9.        # 自定义信号
10.       saveDataSignal = pyqtSignal(str)
11.
12.       def __init__(self, pathStr):
13.           super(SaveData, self).__init__()
14.           self.setupUi(self)
15.           self.init()
16.           self.dataPath = pathStr
17.           self.savePathLineEdit.setText(pathStr)
18.           # 关联槽函数
19.           self.openButton.clicked.connect(self.getDataPath)
20.           self.okButton.clicked.connect(self.setSaveDataPath)
21.           self.cancelButton.clicked.connect(self.close)
22.
23.       def init(self):
24.           # 禁用窗口最大化，禁止调整窗口大小
25.           self.setFixedSize(self.width(), self.height())
26.
27.       # "打开"按钮单击信号的槽函数
28.       def getDataPath(self):
29.           # 获取存储路径
30.           filename, _ = QFileDialog.getSaveFileName(self, '保存文件', os.getcwd(), "All File(*);;Text Files(*.txt)")
31.           if len(filename) != 0:
32.               self.savePathLineEdit.setText(filename)
33.
34.       # "确定"按钮单击信号的槽函数
35.       def setSaveDataPath(self):
36.           self.dataPath = self.savePathLineEdit.text()
37.           # 将获取的 self.dataPath 传到 self.saveDataSignal 信号关联的槽函数
38.           self.saveDataSignal.emit(self.dataPath)
39.           self.close()
```

步骤 4：完善 ParamMonitor.py 文件

双击打开 ParamMonitor.py 文件，在文件中添加第 4 行代码，如程序清单 13-2 所示。

程序清单 13-2

```
1.    ……
2.    from form_spo2 import FormSpo2
3.    from form_ecg import FormEcg
4.    from form_savedata import SaveData
```

在 init(self)方法中添加第 10 行和第 44～47 行代码，如程序清单 13-3 所示。

程序清单 13-3

```
1.    def init(self):
2.        # 配置菜单栏，并指定各菜单项单击信号的槽函数
3.        self.menu1 = QAction(self)
4.        self.menu1.setText('串口设置')
5.        self.menubar.addAction(self.menu1)
6.        self.menu1.triggered.connect(self.slot_serialSet)
7.        self.menu2 = QAction(self)
8.        self.menu2.setText('数据存储')
9.        self.menubar.addAction(self.menu2)
10.       self.menu2.triggered.connect(self.slot_dataStore)
11.       self.menu3 = QAction(self)
12.       self.menu3.setText('演示模式')
13.       self.menubar.addAction(self.menu3)
14.       self.menu4 = QAction(self)
15.       self.menu4.setText('关于')
16.       self.menubar.addAction(self.menu4)
17.       self.menu5 = QAction(self)
18.       self.menu5.setText('退出')
19.       self.menubar.addAction(self.menu5)
20.       # 状态栏
21.       self.statusStr = '串口未打开'
22.       self.statusBar().showMessage(self.statusStr)
23.       # 4 个画波形区的边框描黑
24.       self.ecg1WaveLabel.setStyleSheet("border:1px solid black;")
25.       self.ecg2WaveLabel.setStyleSheet("border:1px solid black;")
26.       self.spo2WaveLabel.setStyleSheet("border:1px solid black;")
27.       self.respWaveLabel.setStyleSheet("border:1px solid black;")
28.       # 串口接收数据
29.       self.serialPortTimer = QTimer(self)
30.       self.serialPortTimer.timeout.connect(self.data_receive)
31.       # 处理已解包数据的定时器
32.       self.procDataTimer = QTimer(self)
33.       self.procDataTimer.timeout.connect(self.data_process)
34.       # 实现心电图片闪烁的定时器，每 1000ms 交换一次状态
35.       self.heartShapeTimer = QTimer(self)
36.       self.heartShapeTimer.timeout.connect(self.heartShapeFlash)
37.       self.heartShapeTimer.start(1000)
38.       # 指定组合框的事件监测，实现单击事件响应
```

```
39.        self.tempInfoGroupBox.installEventFilter(self)
40.        self.nibpInfoGroupBox.installEventFilter(self)
41.        self.respInfoGroupBox.installEventFilter(self)
42.        self.spo2InfoGroupBox.installEventFilter(self)
43.        self.ecgInfoGroupBox.installEventFilter(self)
44.        # 数据存储
45.        self.saveDataPath = ''                      # 存储数据路径
46.        self.filePath = os.getcwd() + "\savedata.txt"     # 默认存储路径
47.        self.limit = 0                              # 限制每次存储的数据，防止存储文件过大
```

在 data_process(self)方法中添加第 17～30 行代码，如程序清单 13-4 所示。

程序清单 13-4

```
1.    # 处理已解包的数据
2.    def data_process(self):
3.        num = len(self.mPackAfterUnpackArr)              # 列表数据长度
4.
5.        if num > 0:
6.            for i in range(num):
7.                if self.mPackAfterUnpackArr[i][0] == 0x12:     # 0x12:体温相关的数据包
8.                    self.analyzeTempData(self.mPackAfterUnpackArr[i])
9.                elif self.mPackAfterUnpackArr[i][0] == 0x14:   # 0x14:血压相关的数据包
10.                   self.analyzeNIBPData(self.mPackAfterUnpackArr[i])
11.               elif self.mPackAfterUnpackArr[i][0] == 0x11:   # 0x11:呼吸相关的数据包
12.                   self.analyzeRespData(self.mPackAfterUnpackArr[i])
13.               elif self.mPackAfterUnpackArr[i][0] == 0x13:   # 0x13:血氧相关的数据包
14.                   self.analyzeSPO2Data(self.mPackAfterUnpackArr[i])
15.               elif self.mPackAfterUnpackArr[i][0] == 0x10:   # 0x10:心电相关的数据包
16.                   self.analyzeECGData(self.mPackAfterUnpackArr[i])
17.               # 保存数据
18.               if len(self.saveDataPath) != 0:
19.                   # 一次只存储 446 行数据，防止数据过多，可以根据需求自行更改
20.                   if self.limit < 446:
21.                       with open(self.saveDataPath, 'a') as file:
22.                           data = []
23.                           # 只取 self.mPackAfterUnpackArr[i]的前 8 个数据，后两个数据无效
24.                           for j in range(0, 8):
25.                               data.append(self.mPackAfterUnpackArr[i][j])
26.                           file.write(str(data) + "\n")       # 将数据写入文件，并换行
27.                           self.limit = self.limit + 1
28.                   else:
29.                       self.saveDataPath = ''             # 清空存储路径，关闭数据存储
30.                       self.limit = 0                     # 重新计数
31.            # 删掉已处理数据
32.            del self.mPackAfterUnpackArr[0:num]
33.        # 呼吸波形数据点大于 2 才开始画呼吸波形
34.        if len(self.mRespWaveList) > 2:
35.            self.drawRespWave()
36.        # 血氧波形数据点大于 2 才开始画血氧波形
37.        if len(self.mSPO2WaveList) > 2:
38.            self.drawSPO2Wave()
```

```
39.        # 心电波形数据点大于 10 才开始画心电波形
40.        if len(self.mECG1WaveList) > 10:
41.            self.drawECG1Wave()
42.            self.drawECG2Wave()
```

在 closeEvent()方法后面，添加 slot_dataStore(self)方法的实现代码，如程序清单 13-5 所示。

程序清单 13-5

```
1.    # "数据存储"菜单项单击信号的槽函数
2.    def slot_dataStore(self):
3.        # 创建数据存储窗口对象
4.        self.saveData = SaveData(self.filePath)
5.        # 指定自定义信号的槽函数
6.        self.saveData.saveDataSignal.connect(self.slot_saveData)
7.        self.saveData.show()  # 打开窗口
```

最后在 slot_ecg()方法后面，添加 slot_saveData()方法的实现代码，如程序清单 13-6 所示。

程序清单 13-6

```
1.    # 获取存储数据路径的槽函数
2.    def slot_saveData(self, pathStr):
3.        self.saveDataPath = pathStr
4.        self.filePath = pathStr
```

步骤 5：编译运行验证程序

单击▶按钮运行程序，然后将人体生理参数监测系统硬件平台通过 USB 线连接到计算机，打开硬件平台，并设置为"五参演示"模式、USB 连接到计算机，单击项目界面菜单栏的"串口设置"选项，在弹出的窗口中完成串口的配置，单击"打开串口"按钮，然后双击"血压"参数显示区，在弹出的窗口中单击"开始测量"按钮来监测血压，血压数据稳定后，可以同时看到五参数据演示，如图 13-2 所示。

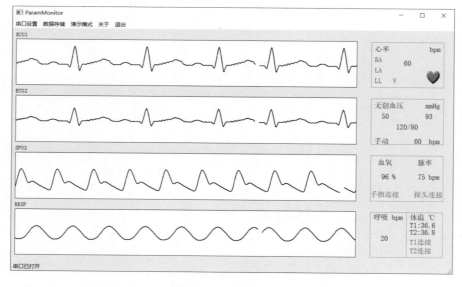

图 13-2　五参数据演示

数据稳定显示后，单击"数据存储"按钮，在弹出的"文件存储"对话框中，单击"确定"按钮进行数据存储，如图 13-3 所示。等待一段时间后，可以在项目路径下生成的 savedata.txt 文件中看到获取的存储数据。

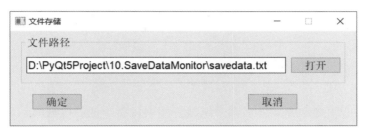

图 13-3　存储数据

本章任务

基于对本章代码的理解，尝试在本项目的基础上进行改进，增加实现存储五参数主界面核心参数的功能，同时每次进行数据存储时可以新建不同的存储文件。

本章习题

1. 如何获取文件的相对路径与绝对路径？
2. 使用 open()方法只能打开已存在的文件吗？在什么情况下可以新建文件？
3. 在使用 open()方法打开文件时，有哪些打开模式？
4. 在文件存储过程中，如何处理可能出现的异常，如文件不存在、权限问题等？

第 14 章　数 据 演 示

在实现数据存储功能的基础上，本章继续完善项目菜单栏的数据演示、关于和退出功能。

14.1　实验内容

本实验主要编写和完善以下功能的代码：①单击项目界面菜单栏的"数据演示"选项，弹出"数据演示"对话框；②在"数据演示"对话框中实现演示文件索引；③单击项目界面菜单栏的"关于"选项，弹出"关于"对话框，在该对话框中显示软件相关信息；④单击项目界面菜单栏的"退出"选项，退出应用。

14.2　实验原理

14.2.1　设计框图

数据演示实验的设计框图如图 14-1 所示。

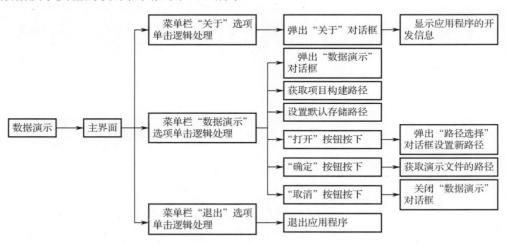

图 14-1　数据演示实验的设计框图

14.2.2　数据演示说明

数据演示主要用到了 QFileDialog 类和内置的 open()方法，使用方法可以参考 6.2.2 节的介绍。数据演示大致可以分为 3 个步骤：获取演示文件的路径→打开并处理演示文件的数据

→循环演示数据。其中，通过 QFileDialog 类索引到演示文件的路径后，单击"数据演示"对话框的"确定"按钮，演示路径会通过自定义信号 playDataSignal 传输到 ParamMonitor 类，并触发绑定的 loadFile(self)方法；loadFile(self)方法会对演示文件的数据进行处理，并存储到 mListLoadData 列表中；处理完所有演示数据后，开启 proLoadDataTimer 和 procDataTimer 定时器对演示数据进行展示处理。

14.3　实验步骤

步骤 1：复制基准项目

将本书配套资料包中的"04.例程资料\Material\11.ParamMonitor"文件夹复制到"D:\PyQt5Project"目录下。

步骤 2：复制并添加文件

将本书配套资料包中的"04.例程资料\Material\StepByStep"文件夹下的 form_playdata_ui.py、form_playdata_ui.ui 和 playdata.txt 文件复制到"D:\PyQt5Project\11.ParamMonitor"目录下。然后通过 PyCharm 打开项目。实际上，已经打开的 11.ParamMonitor 项目是在第 13 章完成的项目，所以也可以基于第 13 章完成的项目开展本章实验。

步骤 3：新建并完善 form_playdata.py 文件

右键单击项目名，在右键快捷菜单中选择"新建"→"Python 文件"命令，新建一个 form_playdata.py 文件。然后双击打开新建的 form_playdata.py 文件，在文件中添加如程序清单 14-1 所示的代码。

程序清单 14-1

```
1.   import os
2.   from PyQt5 import QtWidgets
3.   from PyQt5.QtCore import pyqtSignal
4.   from PyQt5.QtWidgets import QFileDialog
5.   from form_playdata_ui import Ui_FormPlayData
6.
7.
8.   class PlayData(QtWidgets.QWidget, Ui_FormPlayData):
9.       # 自定义信号
10.      playDataSignal = pyqtSignal(str)
11.
12.      def __init__(self, pathStr):
13.          super(PlayData, self).__init__()
14.          self.setupUi(self)
15.          self.init()
16.          self.dataPath = pathStr
17.          self.readPathLineEdit.setText(pathStr)
18.          # 关联槽函数
19.          self.openButton.clicked.connect(self.getDataPath)
20.          self.okButton.clicked.connect(self.setPlayDataPath)
21.          self.cancelButton.clicked.connect(self.close)
```

```
22.
23.        def init(self):
24.            # 禁用窗口最大化，禁止调整窗口大小
25.            self.setFixedSize(self.width(), self.height())
26.
27.        # "打开"按钮单击信号的槽函数
28.        def getDataPath(self):
29.            # 获取演示数据路径，存到 self.dataPath
30.            filename, _ = QFileDialog.getOpenFileName(self, '选择文件', os.getcwd(), "All File(*);;Text Files(*.txt)")
31.            if len(filename) != 0:
32.                self.readPathLineEdit.setText(filename)
33.                self.dataPath = filename
34.
35.        # "确定"按钮单击信号的槽函数
36.        def setPlayDataPath(self):
37.            # 将获取的 self.dataPath 传到 self.playDataSignal 信号关联的槽函数
38.            self.playDataSignal.emit(self.dataPath)
39.            self.close()
```

步骤 4：完善 ParamMonitor.py 文件

双击打开 ParamMonitor.py 文件，在文件中添加第 4 行代码，如程序清单 14-2 所示。

程序清单 14-2

```
1.    ……
2.    from form_ecg import FormEcg
3.    from form_savedata import SaveData
4.    from form_playdata import PlayData
```

在 init(self)方法中添加第 14 行、第 18 行、第 22 行和第 51～60 行代码，如程序清单 14-3 所示。

程序清单 14-3

```
1.    def init(self):
2.        # 配置菜单栏，并指定各菜单项单击信号的槽函数
3.        self.menu1 = QAction(self)
4.        self.menu1.setText('串口设置')
5.        self.menubar.addAction(self.menu1)
6.        self.menu1.triggered.connect(self.slot_serialSet)
7.        self.menu2 = QAction(self)
8.        self.menu2.setText('数据存储')
9.        self.menubar.addAction(self.menu2)
10.       self.menu2.triggered.connect(self.slot_dataStore)
11.       self.menu3 = QAction(self)
12.       self.menu3.setText('演示模式')
13.       self.menubar.addAction(self.menu3)
14.       self.menu3.triggered.connect(self.slot_playModel)
15.       self.menu4 = QAction(self)
```

16.	self.menu4.setText('关于')
17.	self.menubar.addAction(self.menu4)
18.	self.menu4.triggered.connect(self.slot_about)
19.	self.menu5 = QAction(self)
20.	self.menu5.setText('退出')
21.	self.menubar.addAction(self.menu5)
22.	self.menu5.triggered.connect(self.slot_quit)
23.	# 状态栏
24.	self.statusStr = '串口未打开'
25.	self.statusBar().showMessage(self.statusStr)
26.	# 4 个画波形区的边框描黑
27.	self.ecg1WaveLabel.setStyleSheet("border:1px solid black;")
28.	self.ecg2WaveLabel.setStyleSheet("border:1px solid black;")
29.	self.spo2WaveLabel.setStyleSheet("border:1px solid black;")
30.	self.respWaveLabel.setStyleSheet("border:1px solid black;")
31.	# 串口接收数据
32.	self.serialPortTimer = QTimer(self)
33.	self.serialPortTimer.timeout.connect(self.data_receive)
34.	# 处理已解包数据的定时器
35.	self.procDataTimer = QTimer(self)
36.	self.procDataTimer.timeout.connect(self.data_process)
37.	# 实现心电图片闪烁的定时器，每 1000ms 交换一次状态
38.	self.heartShapeTimer = QTimer(self)
39.	self.heartShapeTimer.timeout.connect(self.heartShapeFlash)
40.	self.heartShapeTimer.start(1000)
41.	# 指定组合框的事件监测，实现单击事件响应
42.	self.tempInfoGroupBox.installEventFilter(self)
43.	self.nibpInfoGroupBox.installEventFilter(self)
44.	self.respInfoGroupBox.installEventFilter(self)
45.	self.spo2InfoGroupBox.installEventFilter(self)
46.	self.ecgInfoGroupBox.installEventFilter(self)
47.	# 数据存储
48.	self.saveDataPath = ''　　　　　　　　　　　　# 存储数据路径
49.	self.filePath = os.getcwd() + "\savedata.txt"　　# 默认存储路径
50.	self.limit = 0　　　　　　　　　　　　　　　# 限制每次存储的数据，防止存储文件过大
51.	# 演示模式
52.	self.mPlayFlag = False　　　　　　　　　　　# 演示模式标志位
53.	self.mTimerStartFlag = False　　　　　　　　　# 获取演示数据的定时器开启标志位
54.	self.mListLoadData = []　　　　　　　　　　　# 用于存储从演示文件中读取的数据
55.	self.mDataAfterPro = []　　　　　　　　　　　# 用于存储演示文件中处理后的数据,后面循环获取这 　　　　　　　　　　　　　　　　　　　　　# 个列表的数据
56.	self.mLoadIndex = 0　　　　　　　　　　　　# self.mListLoadData 列表的索引值
57.	self.mLoadDataHead = 0　　　　　　　　　　　# self.mDataAfterPro 列表的索引值
58.	self.playDataPath = ''　　　　　　　　　　　　# 演示数据路径
59.	self.proLoadDataTimer = QTimer()　　　　　　　# 处理演示数据的定时器
60.	self.proLoadDataTimer.timeout.connect(self.proLoadDataThread)　　# 关联定时器任务

在 slot_serial()方法中添加第 14～20 行代码，如程序清单 14-4 所示。

程序清单 14-4

```
1.   # 配置并打开串口的槽函数
2.   def slot_serial(self, portNum, baudRate, dataBits, stopBits, parity):
3.       # 打开串口前，若串口处于打开状态，则先关闭
4.       if self.ser.isOpen():
5.           self.serialPortTimer.stop()
6.           self.procDataTimer.stop()
7.           try:
8.               self.ser.close()
9.           except:
10.              pass
11.          self.statusStr = "串口已关闭"
12.          self.statusBar().showMessage(self.statusStr)
13.      else:
14.          # 若处于演示模式，则关闭演示模式，关闭演示模式使用的定时器，清除数据
15.          if self.mPlayFlag:
16.              self.mPlayFlag = False
17.              self.mTimerStartFlag = False
18.              self.procDataTimer.stop()
19.              self.proLoadDataTimer.stop()
20.              self.clearData()
21.      # 配置串口信息
22.      self.ser.port = portNum
23.      self.ser.baudrate = int(baudRate)
24.      self.ser.bytesize = int(dataBits)
25.      self.ser.stopbits = int(stopBits)
26.      self.ser.parity = parity
```

在 drawECG2Wave(self)方法后面，添加 loadFile(self)方法的实现代码，用于读取文件中的演示数据，并存储到 self.mListLoadData 列表中，如程序清单 14-5 所示。

程序清单 14-5

```
1.   # 读取演示文件的数据
2.   def loadFile(self):
3.       # 当前路径为空，返回
4.       if len(self.playDataPath) == 0:
5.           return
6.       # 清空 self.mListLoadData 列表
7.       self.mListLoadData = []
8.       # 以只读（'r'）模式打开当前路径的文件
9.       with open(self.playDataPath, 'r') as file:
10.          # 根据文件的行数遍历文件
11.          for line in file:
12.              data = []                    # 用于存储每行的数据
13.              rs = line.replace('\n', '')  # 去除换行符
14.              rs = rs.replace('[', '')     # 去除'['
15.              rs = rs.replace(']', '')     # 去除']'
```

```
16.                # 通过识别','的方式，将字符串分割成一个个元素
17.                data.extend(rs.lstrip().rstrip().split(','))
18.                # 若当前数据为无效值，则不执行后面语句，进入下一轮循环
19.                if not data:
20.                    continue
21.                self.mListLoadData.append(data)
22.        # 处理演示数据的定时器标志位置为 True
23.        self.mTimerStartFlag = True
24.        # 开启定时器前先关闭，防止受上一次演示模式的影响
25.        if self.proLoadDataTimer.isActive():
26.            self.proLoadDataTimer.stop()
27.        if self.procDataTimer.isActive():
28.            self.procDataTimer.stop()
29.        if self.mTimerStartFlag:
30.            self.proLoadDataTimer.start(2)
31.            self.procDataTimer.start(10)
```

在 loadFile(self) 方法后面，添加 proLoadDataThread(self) 方法的实现代码，用于处理 self.mListLoadData 列表中的演示数据，并分别存储到 self.mPackAfterUnpackArr 和 self.mDataAfterPro 列表中，当处理完 self.mListLoadData 中的所有数据后，循环获取 self.mDataAfterPro 中已处理的数据作为演示数据，如程序清单 14-6 所示。

程序清单 14-6

```
1.   # 处理演示数据
2.   def proLoadDataThread(self):
3.       if self.mTimerStartFlag:
4.           # 遍历 self.mListLoadData 列表中的数据
5.           if len(self.mListLoadData) > self.mLoadIndex:
6.               listPack = []              # 用于存储 self.mListLoadData 每个索引值的数据
7.               listPack = self.mListLoadData[self.mLoadIndex]
8.               # 将 listPack 中的所有元素转换为十进制数
9.               for index, item in enumerate(listPack):
10.                  listPack[index] = int(item, 10)
11.              # 获取处理后的数据
12.              self.mPackAfterUnpackArr.append(copy.deepcopy(listPack))
13.              self.mDataAfterPro.append(copy.deepcopy(listPack))
14.              self.mLoadIndex = self.mLoadIndex + 1
15.          else:
16.              # 循环获取 self.mDataAfterPro 中的数据
17.              self.mPackAfterUnpackArr.append(copy.deepcopy(self.mDataAfterPro[self.mLoadDataHead]))
18.              self.mLoadDataHead += 1
19.              if self.mLoadDataHead >= self.mLoadIndex:
20.                  self.mLoadDataHead = 0
```

在 slot_dataStore(self) 方法后面，添加 slot_playModel(self) 方法的实现代码，如程序清单 14-7 所示。

程序清单 14-7

```
1.   # "演示模式"菜单项单击信号的槽函数
2.   def slot_playModel(self):
3.       # 若串口处于打开状态，则关闭串口，关闭对应的定时器
4.       if self.ser.isOpen():
5.           self.serialPortTimer.stop()
6.           self.procDataTimer.stop()
7.           try:
8.               self.ser.close()
9.           except:
10.              pass
11.          # 更新状态栏的串口状态
12.          self.statusStr = "串口已关闭"
13.          self.statusBar().showMessage(self.statusStr)
14.          # 清空所有列表的数据
15.          self.clearData()
16.      # 演示模式标志位置为 True
17.      self.mPlayFlag = True
18.      # 创建"数据存储"对话框对象
19.      self.playData = PlayData(self.playDataPath)
20.      # 指定自定义信号的槽函数
21.      self.playData.playDataSignal.connect(self.slot_playData)
22.      self.playData.show()  # 打开对话框
```

在 slot_playModel(self)方法后面，添加 slot_about(self)和 slot_quit(self)方法的实现代码，如程序清单 14-8 所示。

程序清单 14-8

```
1.   # "关于"菜单项单击信号的槽函数，用于显示软件信息
2.   def slot_about(self):
3.       QMessageBox.information(None, '关于本软件', "LY-M501 型人体生理参数监测系统\n"
4.                                              "人体生理参数监测系统 PyQt5 软件系统\n"
5.                                              "版本:V1.0.0\n\n"
6.                                              "深圳市乐育科技有限公司\n"
7.                                              "www.leyutek.com", QMessageBox.Ok)
8.
9.   # "退出"菜单项单击信号的槽函数
10.  def slot_quit(self):
11.      app = QApplication.instance()
12.      app.quit()
```

最后在 slot_saveData()方法后面，添加 slot_playData()和 clearData(self)方法的实现代码，如程序清单 14-9 所示。

程序清单 14-9

```
1.   # 获取演示数据路径的槽函数
2.   def slot_playData(self, pathStr):
```

```
3.          self.playDataPath = pathStr
4.          # 演示模式标志位为 True，读取文件数据
5.          if self.mPlayFlag:
6.              self.loadFile()
7.
8.      # 用于切换实时模式和演示模式时清空数据
9.      def clearData(self):
10.         self.mPackAfterUnpackArr = []
11.         self.mECG1WaveList = []
12.         self.mECG2WaveList = []
13.         self.mSPO2WaveList = []
14.         self.mRespWaveList = []
```

步骤 5：编译运行验证程序

单击▶按钮运行程序，单击"演示模式"按钮，在弹出的"数据演示"对话框中单击"打开"按钮，选择项目路径下的 playdata.txt 演示文件，如图 14-2 所示。

图 14-2　"数据演示"对话框

选择好演示文件后，单击"确定"按钮即可看到数据演示效果，如图 14-3 所示。

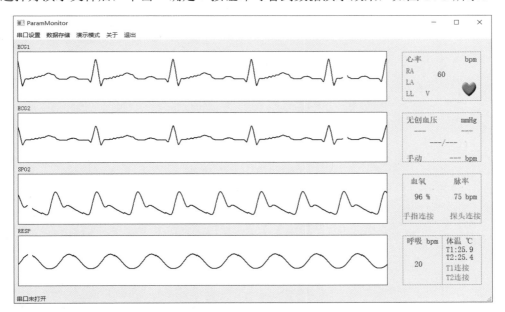

图 14-3　演示模式下的数据演示效果

本章任务

　　本实验在数据演示模式下会演示所有参数，基于对前面学习的知识和对本章代码的理解，尝试在本项目的基础上进行改进，实现某个参数的单独演示。

 本章习题

　　1．打开演示文件的路径用到了哪个类？
　　2．通过调用哪个方法设置默认打开的路径？
　　3．通过调用哪个方法设置默认打开的文件类型？

附录 A　人体生理参数监测系统使用说明

人体生理参数监测系统（型号：LY-M501）用于采集人体五大生理参数（体温、血氧、呼吸、心电、血压）信号，并对这些信号进行处理，最终将处理后的数字信号通过 USB 连接线、蓝牙或 Wi-Fi 发送到不同的主机平台，如医疗电子单片机开发系统、医疗电子 FPGA 开发系统、医疗电子 DSP 开发系统、医疗电子嵌入式开发系统、emWin 软件平台、MFC 软件平台、WinForm 软件平台、Matlab 软件平台和 Android 移动平台等，实现人体生理参数监测系统与各主机平台之间的交互。

图 A-1 是人体生理参数监测系统的正面视图，其中，左侧为"功能"按钮，右侧为"模式"按钮，中间的显示屏用于显示一些简单的参数信息。

图 A-1　人体生理参数监测系统的正面视图

图 A-2 是人体生理参数监测系统的按钮和显示屏，通过"功能"按钮可以控制人体生理参数监测系统按照"背光模式"→"数据模式"→"通信模式"→"参数模式"的顺序在不同模式之间循环切换。

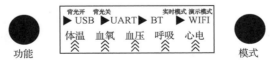

图 A-2　人体生理参数监测系统的按钮和显示屏

"背光模式"包括"背光开"和"背光关"，系统默认为"背光开"；"数据模式"包括"实时模式"和"演示模式"，系统默认为"演示模式"；"通信模式"包括"USB"、"UART"、"BT"和"WIFI"，系统默认为"USB"；"参数模式"包括"五参"、"体温"、"血氧"、"血压"、"呼吸"和"心电",系统默认为"五参"。

通过"功能"按钮切换到"背光模式",然后通过"模式"按钮切换人体生理参数监测系统显示屏背光的开启和关闭,如图 A-3 所示。

图 A-3　背光的开启和关闭模式

通过"功能"按钮切换到"数据模式",然后通过"模式"按钮在"演示模式"和"实时模式"之间切换,如图 A-4 所示。在"演示模式"下,人体生理参数监测系统不连接模拟器,也可以向主机发送人体生理参数模拟数据;在"实时模式"下,人体生理参数监测系统需要连接模拟器,向主机发送模拟器的实时数据。

图 A-4　演示模式和实时模式

通过"功能"按钮切换到"通信模式",然后通过"模式"按钮在"USB"、"UART"、"BT"和"WIFI"之间切换,如图 A-5 所示。在 USB 通信模式下,人体生理参数监测系统通过 USB 连接线与主机平台进行通信,USB 连接线上的信号是 USB 信号;在 UART 通信模式下,人体生理参数监测系统通过 USB 连接线与主机平台进行通信,USB 连接线上的信号是 UART 信号;在 BT 通信模式下,人体生理参数监测系统通过蓝牙与主机平台进行通信;在 WIFI 通信模式下,人体生理参数监测系统通过 WIFI 与主机平台进行通信。

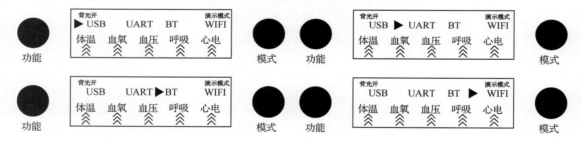

图 A-5　四种通信模式

通过"功能"按钮切换到"参数模式",然后通过"模式"按钮在"五参"、"体温"、"血氧"、"血压"、"呼吸"和"心电"之间切换,如图 A-6 所示。系统默认为"五参"模式,在这种模式下,人体生理参数会将五个参数数据全部发送至主机平台;在"体温"模式下,只发送体温数据;在"血氧"模式下,只发送血氧数据;在"血压"模式下,只发送血压数据;在"呼吸"模式下,只发送呼吸数据;在"心电"模式下,只发送心电数据。

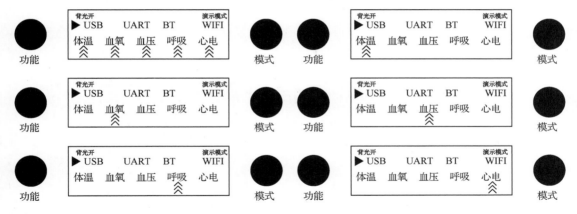

图 A-6　六种参数模式

图 A-7 是人体生理参数监测系统参数接口图。NBP 接口用于连接血压袖带；SPO2 接口用于连接血氧探头；TMP1 和 TMP2 接口用于连接两路体温探头；ECG/RESP 接口用于连接心电线缆；USB/UART 接口用于连接 USB 连接线；12V 接口用于连接 12V 电源适配器；拨动开关用于控制人体生理参数监测系统电源的开与关。

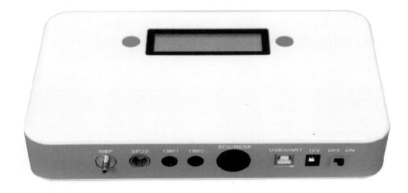

图 A-7　人体生理参数监测系统参数接口图

附录 B　PCT 通信协议在人体生理参数监测系统中的应用

附录 B 详细介绍了 PCT 通信协议在 LY-M501 型人体生理参数监测系统中的应用。本附录的内容由深圳市乐育科技有限公司于 2019 年发布，版本为 LY-STD008-2019。

B.1　模块 ID 定义

LY-M501 型人体生理参数监测系统包括 6 个模块，分别为系统模块、心电模块、呼吸模块、体温模块、血氧模块和无创血压模块，因此模块 ID 也有 6 个。LY-M501 型人体生理参数监测系统的模块 ID 定义如表 B-1 所示。

表 B-1　模块 ID 定义

序号	模块名称	模块 ID	模块宏定义
1	系统模块	0x01	MODULE_SYS
2	心电模块	0x10	MODULE_ECG
3	呼吸模块	0x11	MODULE_RESP
4	体温模块	0x12	MODULE_TEMP
5	血氧模块	0x13	MODULE_SPO2
6	无创血压模块	0x14	MODULE_NIBP

二级 ID 又分为从机发送给主机的数据包类型 ID 和主机发送给从机的命令包 ID。下面分别按照从机发送给主机的数据包类型 ID 和主机发送给从机的命令包 ID 进行介绍。

B.2　从机发送给主机的数据包类型 ID

从机发送给主机的数据包的模块 ID、二级 ID 宏定义、说明等如表 B-2 所示。

表 B-2　从机发送给主机的数据包的模块 ID、二级 ID 宏定义、说明等

序号	模块 ID	二级 ID 宏定义	二级 ID	发送帧率	说明
1	0x01	DAT_RST	0x01	从机复位后发送，若主机无应答，则每秒重发一次	系统复位信息数据包
2		DAT_SYS_STS	0x02	1 次/s	系统状态数据包

序号	模块 ID	二级 ID 宏定义	二级 ID	发送帧率	说明
3	0x01	DAT_SELF_CHECK	0x03	按请求发送	系统自检结果数据包
4		DAT_CMD_ACK	0x04	接收到命令后发送	命令应答数据包
5	0x10	DAT_ECG_WAVE	0x02	125 次/s	心电波形数据包
6		DAT_ECG_LEAD	0x03	1 次/s	心电导联信息数据包
7		DAT_ECG_HR	0x04	1 次/s	心率数据包
8		DAT_ST	0x05	1 次/s	心电 ST 值数据包
9		DAT_ST_PAT	0x06	当模板更新时，每 30ms 发送 1 次（整个模板共 50 个包，每 10s 更新 1 次）	心电 ST 模板波形数据包
10	0x11	DAT_RESP_WAVE	0x02	25 次/s	呼吸波形数据包
11		DAT_RESP_RR	0x03	1 次/s	呼吸率数据包
12		DAT_RESP_APNEA	0x04	1 次/s	窒息报警数据包
13		DAT_RESP_CVA	0x05	1 次/s	呼吸 CVA 报警信息数据包
14	0x12	DAT_TEMP_DATA	0x02	1 次/s	体温数据包
15	0x13	DAT_SPO2_WAVE	0x02	25 次/s	血氧波形数据包
16		DAT_SPO2_DATA	0x03	1 次/s	血氧数据包
17	0x14	DAT_NIBP_CUFPRE	0x02	5 次/s	无创血压实时数据包
18		DAT_NIBP_END	0x03	测量结束发送	无创血压测量结束数据包
19		DAT_NIBP_RSLT1	0x04	接收到查询命令或测量结束发送	无创血压测量结果 1 数据包
20		DAT_NIBP_RSLT2	0x05	接收到查询命令或测量结束发送	无创血压测量结果 2 数据包
21		DAT_NIBP_STS	0x06	接收到查询命令发送	无创血压测量状态数据包

下面按照顺序对从机发送给主机的数据包进行详细介绍。

1. 系统复位信息数据包（DAT_RST）

系统复位信息数据包由从机向主机发送，以达到从机和主机同步的目的。因此，从机复位后，从机会主动向主机发送此数据包，如果主机无应答，则每秒重发一次，直到主机应答为止。图 B-1 为系统复位信息数据包的定义。

模块ID	HEAD	二级ID	DAT1	DAT2	DAT3	DAT4	DAT5	DAT6	CHECK
01H	数据头	01H	保留	保留	保留	保留	保留	保留	校验和

图 B-1　系统复位信息数据包的定义

人体生理参数监测系统的默认设置参数如表 B-3 所示。

表 B-3　人体生理参数监测系统的默认设置参数

序号	选项	默认设置参数
1	病人信息设置	成人
2	3/5 导联设置	5 导联
3	导联方式选择	通道 1-Ⅱ导联；通道 2-Ⅰ导联
4	滤波方式选择	诊断方式
5	心电增益选择	×1
6	1mV 校准信号设置	关
7	工频抑制设置	关
8	起搏分析开关	关
9	ST 测量的 ISO 和 ST 点	ISO-80ms；ST-108ms
10	呼吸增益选择	×1
11	窒息报警时间选择	20s
12	体温探头类型设置	YSI
13	SPO2 灵敏度设置	中
14	NIBP 手动/自动设置	手动
15	NIBP 设置初次充气压力	160mmHg

2. 系统状态数据包（DAT_SYS_STS）

系统状态数据包是由从机向主机发送的数据包，图 B-2 为系统状态数据包的定义。

模块ID	HEAD	二级ID	DAT1	DAT2	DAT3	DAT4	DAT5	DAT6	CHECK
01H	数据头	02H	电压监测	保留	保留	保留	保留	保留	校验和

图 B-2　系统状态数据包的定义

电压监测为 8 位无符号数，其定义如表 B-4 所示。系统状态数据包每秒发送一次。

表 B-4　电压监测的定义

位	定义
7:4	保留
3:2	3.3V 电压状态：00-3.3V 电压正常；01-3.3V 电压太高；10-3.3V 电压太低；11-保留
1:0	5V 电压状态：00-5V 电压正常；01-V 电压太高；10-5V 电压太低；11-保留

3. 系统自检结果数据包（DAT_SELF_CHECK）

系统自检结果数据包是由从机向主机发送的数据包，图 B-3 为系统自检结果数据包的定义。

模块ID	HEAD	二级ID	DAT1	DAT2	DAT3	DAT4	DAT5	DAT6	CHECK
01H	数据头	03H	自检结果1	自检结果2	版本号	模块标识1	模块标识2	模块标识3	校验和

图 B-3　系统自检结果数据包的定义

自检结果 1 的定义如表 B-5 所示，自检结果 2 的定义如表 B-6 所示。系统自检结果数据包按请求发送。

表 B-5　自检结果 1 的定义

位	定义
7:5	保留
4	Watchdog 自检结果：0-自检正确；1-自检错
3	A/D 自检结果：0-自检正确；1-自检错
2	RAM 自检结果：0-自检正确；1-自检错
1	ROM 自检结果：0-自检正确；1-自检错
0	CPU 自检结果：0-自检正确；1-自检错

表 B-6　自检结果 2 的定义

位	定义
7:5	保留
4	NIBP 自检结果：0-自检正确；1-自检错
3	SPO2 自检结果：0-自检正确；1-自检错
2	TEMP 自检结果：0-自检正确；1-自检错
1	RESP 自检结果：0-自检正确；1-自检错
0	ECG 自检结果：0-自检正确；1-自检错

4. 命令应答数据包（DAT_CMD_ACK）

命令应答数据包是从机在接收到主机发送的命令后，向主机发送的命令应答数据包，主机在向从机发送命令的时候，如果没收到命令应答数据包，则应再发送两次命令；如果第 3 次发送命令后还未收到从机的命令应答数据包，则放弃命令发送。图 B-4 为命令应答数据包的定义。

模块ID	HEAD	二级ID	DAT1	DAT2	DAT3	DAT4	DAT5	DAT6	CHECK
01H	数据头	04H	模块ID	二级ID	应答消息	保留	保留	保留	校验和

图 B-4　命令应答数据包的定义

应答消息的定义如表 B-7 所示。

表 B-7　应答消息的定义

位	定义
7:0	应答消息：0-命令成功；1-校验和错误；2-命令包长度错误；3-无效命令；4-命令参数数据错误；5-命令不接收

5. 心电波形数据包（DAT_ECG_WAVE）

心电波形数据包是由从机向主机发送的两通道心电波形数据包，其定义如图 B-5 所示。

模块ID	HEAD	二级ID	DAT1	DAT2	DAT3	DAT4	DAT5	DAT6	CHECK
10H	数据头	02H	ECG1 波形数据 高字节	ECG1 波形数据 低字节	ECG2 波形数据 高字节	ECG2 波形数据 低字节	ECG 状态	保留	校验和

图 B-5　心电波形数据包的定义

ECG1、ECG2 心电波形数据是 16 位无符号数，波形数据以 2048 为基线，数据范围为 0～4095，心电导联脱落时发送的数据为 2048。心电数据包每 2ms 发送一次。

6. 心电导联信息数据包（DAT_ECG_LEAD）

心电导联信息数据包是由从机向主机发送的数据包，其定义如图 B-6 所示。

模块ID	HEAD	二级ID	DAT1	DAT2	DAT3	DAT4	DAT5	DAT6	CHECK
10H	数据头	03H	导联信息	过载报警	保留	保留	保留	保留	校验和

图 B-6　心电导联信息数据包的定义

导联信息的定义如表 B-8 所示。

表 B-8　导联信息的定义

位	定义
7:4	保留
3	V 导联连接信息：1-导联脱落；0-连接正常
2	RA 导联连接信息：1-导联脱落；0-连接正常
1	LA 导联连接信息：1-导联脱落；0-连接正常
0	LL 导联连接信息：1-导联脱落；0-连接正常

在 3 导联模式下，由于只有 RA、LA、LL 共 3 个导联，所以不能处理 V 导联的信息。在 5 导联模式下，由于 RL 作为驱动导联，所以不检测 RL 的导联连接状态。

过载报警的定义如表 B-9 所示。过载信息表明 ECG 信号饱和，主机必须根据该信息进行报警。心电导联信息数据包每秒发送一次。

表 B-9　过载报警的定义

位	定义
7:2	保留
1	ECG 通道 2 过载信息：0-正常；1-过载
0	ECG 通道 1 过载信息：0-正常；1-过载

7. 心率数据包（DAT_ECG_HR）

心率数据包是由从机向主机发送的数据包，图 B-7 为心率数据包的定义。

模块ID	HEAD	二级ID	DAT1	DAT2	DAT3	DAT4	DAT5	DAT6	CHECK
10H	数据头	04H	心率 高字节	心率 低字节	保留	保留	保留	保留	校验和

图 B-7　心率数据包的定义

心率是 16 位有符号数，有效数据范围为 0～350bpm，-100 代表无效值。心率数据包每秒发送一次。

8. 心电 ST 值数据包（DAT_ST）

心电 ST 值数据包是由从机向主机发送的数据包，图 B-8 为心电 ST 值数据包的定义。

模块ID	HEAD	二级ID	DAT1	DAT2	DAT3	DAT4	DAT5	DAT6	CHECK
10H	数据头	05H	ST1偏移高字节	ST1偏移低字节	ST2偏移高字节	ST2偏移低字节	保留	保留	校验和

图 B-8　心电 ST 值数据包的定义

ST 偏移值为 16 位的有符号数，所有的值都扩大 100 倍，例如，125 代表 1.25mV，-125 代表-1.25mV。-10000 代表无效值。心电 ST 值数据包每秒发送一次。

9. 心电 ST 模板波形数据包（DAT_ST_PAT）

心电 ST 模板波形数据包是由从机向主机发送的数据包，图 B-9 为心电 ST 模板波形数据包的定义。

模块ID	HEAD	二级ID	DAT1	DAT2	DAT3	DAT4	DAT5	DAT6	CHECK
10H	数据头	06H	顺序号	ST模板数据1	ST模板数据2	ST模板数据3	ST模板数据4	ST模板数据5	校验和

图 B-9　心电 ST 模板波形数据包的定义

顺序号的定义如表 B-10 所示。

表 B-10　顺序号的定义

位	定义
7	通道号：0-通道 1；1-通道 2
6:0	顺序号：0～49，每个 ST 模板波形分 50 次传送，每次传送 5 字节，共计 250 字节

ST 模板数据 1～5 均为 8 位无符号数，250 字节的 ST 模板波形数据组成长度为 1s 的心电波形，波形基线为 128，第 125 个数据为 R 波位置，上位机可以根据模板波形进行 ISO 和 ST 设置。心电 ST 模板波形数据包在 ST 模板更新完成后每 30ms 发送一次，整个模板共 50 个包，ST 模板波形每 10s 更新一次。

10. 呼吸波形数据包（DAT_RESP_WAVE）

呼吸波形数据包是由从机向主机发送的数据包，图 B-10 为呼吸波形数据包的定义。

模块ID	HEAD	二级ID	DAT1	DAT2	DAT3	DAT4	DAT5	DAT6	CHECK
11H	数据头	02H	呼吸波形数据1	呼吸波形数据2	呼吸波形数据3	呼吸波形数据4	呼吸波形数据5	保留	校验和

图 B-10　呼吸波形数据包的定义

呼吸波形数据为 8 位无符号数，有效数据范围为 0～255，当 RA/LL 导联脱落时，波形数据为 128。呼吸波形数据包每 40ms 发送一次。

11. 呼吸率数据包（DAT_RESP_RR）

呼吸率数据包是由从机向主机发送的数据包，图 B-11 为呼吸率数据包的定义。

模块ID	HEAD	二级ID	DAT1	DAT2	DAT3	DAT4	DAT5	DAT6	CHECK
11H	数据头	03H	呼吸率高字节	呼吸率低字节	保留	保留	保留	保留	校验和

图 B-11　呼吸率数据包的定义

呼吸率为 16 位有符号数，有效数据范围为 6～120bpm，-100 代表无效值，导联脱落时，呼吸率等于-100，窒息时呼吸率为 0。呼吸率数据包每秒发送一次。

12. 窒息报警数据包（DAT_RESP_APNEA）

窒息报警数据包是由从机向主机发送的数据包，图 B-12 为窒息报警数据包的定义。

模块ID	HEAD	二级ID	DAT1	DAT2	DAT3	DAT4	DAT5	DAT6	CHECK
11H	数据头	04H	报警信息	保留	保留	保留	保留	保留	校验和

图 B-12　窒息报警数据包的定义

报警信息：0-无报警，1-有报警，窒息时呼吸率为 0。窒息报警数据包每秒发送一次。

13. 呼吸 CVA 报警信息数据包（DAT_RESP_CVA）

呼吸 CVA 报警信息数据包是由从机向主机发送的数据包，图 B-13 为呼吸 CVA 报警信息数据包的定义。

模块ID	HEAD	二级ID	DAT1	DAT2	DAT3	DAT4	DAT5	DAT6	CHECK
11H	数据头	05H	CVA检测	保留	保留	保留	保留	保留	校验和

图 B-13　呼吸 CVA 报警信息数据包的定义

CVA 报警信息：0-没有 CVA 报警信息，1-有 CVA 报警信息。CVA（cardiovascular artifact）为心动干扰，是心电信号叠加在呼吸波形上的干扰，如果模块检测到该干扰存在，则发送该报警信息。CVA 报警时，呼吸率为无效值（-100）。呼吸 CVA 报警信息数据包每秒发送一次。

14. 体温数据包（DAT_TEMP_DATA）

体温数据包是由从机向主机发送的双通道体温值和探头信息，图 B-14 为体温数据包的定义。

模块ID	HEAD	二级ID	DAT1	DAT2	DAT3	DAT4	DAT5	DAT6	CHECK
12H	数据头	02H	体温探头状态	体温通道1高字节	体温通道1低字节	体温通道2高字节	体温通道2低字节	保留	校验和

图 B-14　体温数据包的定义

体温探头状态的定义如表 B-11 所示。注意，体温数据为 16 位有符号数，有效数据范围为 0～500，数据扩大 10 倍，单位是℃。例如，368 代表 36.8℃，-100 代表无效数据。体温数据包每秒发送一次。

表 B-11　体温探头状态的定义

位	定义
7:2	保留
1	体温通道 2：0-体温探头接上；1-体温探头脱落
0	体温通道 1：0-体温探头接上；1-体温探头脱落

15.　血氧波形数据包（DAT_SPO2_WAVE）

血氧波形数据包是由从机向主机发送的数据包，图 B-15 为血氧波形数据包的定义。

模块ID	HEAD	二级ID	DAT1	DAT2	DAT3	DAT4	DAT5	DAT6	CHECK
13H	数据头	02H	血氧波形数据1	血氧波形数据2	血氧波形数据3	血氧波形数据4	血氧波形数据5	血氧测量状态	校验和

图 B-15　血氧波形数据包的定义

血氧测量状态的定义如表 B-12 所示。血氧波形为 8 位无符号数，数据范围为 0～255，探头脱落时，血氧波形为 0。血压波形数据包每 40ms 发送一次。

表 B-12　血氧测量状态的定义

位	定义
7	SPO2 探头手指脱落标志：1-探头手指脱落
6	保留
5	保留
4	SPO2 探头脱落标志：1-探头脱落
3:0	保留

16.　血氧数据包（DAT_SPO2_DATA）

血氧数据包是由从机向主机发送的数据包，如脉率和氧饱和度。图 B-16 为血氧数据包的定义。

模块ID	HEAD	二级ID	DAT1	DAT2	DAT3	DAT4	DAT5	DAT6	CHECK
13H	数据头	03H	氧饱和度信息	脉率高字节	脉率低字节	氧饱和度数据	保留	保留	校验和

图 B-16　血氧数据包的定义

氧饱和度信息的定义如表 B-13 所示。脉率为 16 位有符号数，有效数据范围为 0～255bpm，-100 代表无效值。氧饱和度为 8 位有符号数，有效数据范围为 0～100%，-100 代表无效值。血氧数据包每秒发送一次。

表 B-13　氧饱和度信息的定义

位	定义
7:6	保留
5	氧饱和度下降标志：1-氧饱和度下降
4	搜索时间太长标志：1-搜索脉搏的时间大于 15s
3:0	信号强度（0～8，15 代表无效值），表示脉搏搏动的强度

17.　无创血压实时数据包（DAT_NIBP_CUFPRE）

无创血压实时数据包是由从机向主机发送的袖带压等数据，图 B-17 为无创血压实时数据包的定义。

模块ID	HEAD	二级ID	DAT1	DAT2	DAT3	DAT4	DAT5	DAT6	CHECK
14H	数据头	02H	袖带压力高字节	袖带压力低字节	袖带类型错误标志	测量类型	保留	保留	校验和

图 B-17　无创血压实时数据包的定义

袖带类型错误标志的定义如表 B-14 所示，测量类型的定义如表 B-15 所示。注意，袖带压力为 16 位有符号数，数据范围为 0~300mmHg，-100 代表无效值。无创血压实时数据包每秒发送 5 次。

表 B-14　袖带类型错误标志的定义

位	定义
7:0	袖带类型错误标志 0-袖带使用正常 1-在成人/儿童模式下，检测到新生儿袖带 上位机在该标志为 1 时应该立即发送停止命令停止测量

表 B-15　测量类型的定义

位	定义
7:0	测量类型： 1-在手动测量方式下 2-在自动测量方式下 3-在 STAT 测量方式下 4-在校准方式下 5-在漏气检测中

18. 无创血压测量结束数据包（DAT_NIBP_END）

无创血压测量结束数据包是由从机向主机发送的数据包，图 B-18 为无创血压测量结束数据包的定义。

模块ID	HEAD	二级ID	DAT1	DAT2	DAT3	DAT4	DAT5	DAT6	CHECK
14H	数据头	03H	测量类型	保留	保留	保留	保留	保留	校验和

图 B-18　无创血压测量结束数据包的定义

测量类型的定义如表 B-16 所示，无创血压测量结束数据包在测量结束后发送。

表 B-16　测量类型的定义

位	定义
7:0	测量类型： 1-手动测量方式下测量结束 2-自动测量方式下测量结束 3-STAT 测量结束 4-在校准方式下测量结束 5-在漏气检测中测量结束 6-STAT 测量方式中单次测量结束 10-系统错误，具体错误信息见 NIBP 状态包

19. 无创血压测量结果 1 数据包（DAT_NIBP_RSLT1）

无创血压测量结果 1 数据包是由从机向主机发送的无创血压收缩压、舒张压和平均压，图 B-19 为无创血压测量结果 1 数据包的定义。

模块ID	HEAD	二级ID	DAT1	DAT2	DAT3	DAT4	DAT5	DAT6	CHECK
14H	数据头	04H	收缩压高字节	收缩压低字节	舒张压高字节	舒张压低字节	平均压高字节	平均压低字节	校验和

图 B-19　无创血压测量结果 1 数据包的定义

注意，收缩压、舒张压、平均压均为 16 位有符号数，数据范围为 0～300mmHg，−100 代表无效值，无创血压测量结果 1 数据包在测量结束后和接收到查询测量结果命令后发送。

20. 无创血压测量结果 2 数据包（DAT_NIBP_RSLT2）

无创血压测量结果 2 数据包是由从机向主机发送的无创血压脉率值，图 B-20 为无创血压测量结果 2 数据包的定义。

模块ID	HEAD	二级ID	DAT1	DAT2	DAT3	DAT4	DAT5	DAT6	CHECK
14H	数据头	05H	脉率高字节	脉率高字节	保留	保留	保留	保留	校验和

图 B-20　无创血压测量结果 2 数据包的定义

注意，脉率为 16 位有符号数，−100 代表无效值，无创血压测量结果 2 数据包在测量结束和接收到查询测量结果命令后发送。

21. 无创血压测量状态数据包（DAT_NIBP_STS）

无创血压测量状态数据包是由从机向主机发送的无创血压状态、测量周期、测量错误、剩余时间，图 B-21 为无创血压测量状态数据包的定义。

模块ID	HEAD	二级ID	DAT1	DAT2	DAT3	DAT4	DAT5	DAT6	CHECK
14H	数据头	06H	无创血压状态	测量周期	测量错误	剩余时间高字节	剩余时间低字节	保留	校验和

图 B-21　无创血压测量状态数据包的定义

无创血压测量状态的定义如表 B-17 所示，无创血压测量周期的定义如表 B-18 所示，无创血压测量错误的定义如表 B-19 所示。无创血压剩余时间为 16 位无符号数，单位为 s。无创血压状态数据包在接收到查询命令或复位后发送。

表 B-17　无创血压测量状态的定义

位	定义
7:6	保留
5:4	病人信息：00-成人模式；01-儿童模式；10-新生儿模式
3:0	无创血压状态： 0000-无创血压待命 0001-手动测量中 0010-自动测量中 0011-STAT 测量方式中 0100-校准中 0101-漏气检测中 0110-无创血压复位 1010-系统出错，具体错误信息见测量错误字节

表 B-18　无创血压测量周期的定义

位	定义
7:0	无创测量周期（8 位无符号数）： 0-在手动测量方式下 1-在自动测量方式下，对应周期为 1min 2-在自动测量方式下，对应周期为 2min 3-在自动测量方式下，对应周期为 3min 4-在自动测量方式下，对应周期为 4min 5-在自动测量方式下，对应周期为 5min 6-在自动测量方式下，对应周期为 10min 7-在自动测量方式下，对应周期为 15min 8-在自动测量方式下，对应周期为 30min 9-在自动测量方式下，对应周期为 1h 10-在自动测量方式下，对应周期为 1.5h 11-在自动测量方式下，对应周期为 2h 12-在自动测量方式下，对应周期为 3h 13-在自动测量方式下，对应周期为 4h 14-在自动测量方式下，对应周期为 8h 15-在 STAT 测量方式下

表 B-19　无创血压测量错误的定义

位	定义
7:0	无创测量错误（8 位无符号数）： 0-无错误 1-袖带过松，可能是未接袖带或气路中漏气 2-漏气，可能是阀门或气路中漏气 3-气压错误，可能是阀门无法正常打开 4-弱信号，可能是测量对象脉搏太弱或袖带过松 5-超范围，可能是测量对象的血压值超过了测量范围 6-过分运动，可能是测量时信号中含有太多干扰 7-过压，袖带压力超过范围，成人为 300mmHg，儿童为 240mmHg，新生儿为 150mmHg 8-信号饱和，由于运动或其他原因使信号幅度太大 9-漏气检测失败，在漏气检测中，发现系统气路漏气 10-系统错误，充气泵、A/D 采样、压力传感器出错 11-超时，某次测量超过规定时间，成人/儿童袖带压超过 200mmHg 时为 120s，未超时为 90s；新生儿袖带压不论超过或不超过 200mmHg 时都为 90s

B.3　主机发送给从机的命令包类型 ID

主机发送给从机命令包的模块 ID、二级 ID 定义和说明如表 B-20 所示。

表 B-20　主机发送给从机命令包的模块 ID、二级 ID 定义和说明

序号	模块 ID	ID 定义	ID 号	定义	说明
1		CMD_RST_ACK	0x80	格式同模块发送数据格式	模块复位信息应答
2	0x01	CMD_GET_POST_RSLT	0x81	查询下位机的自检结果	读取自检结果
3		CMD_PAT_TYPE	0x90	设置病人类型为成人、儿童或新生儿	病人类型设置

续表

序号	模块 ID	ID 定义	ID 号	定义	说明
4	0x10	CMD_LEAD_SYS	0x80	设置 ECG 导联为 5 导联或 3 导联模式	3/5 导联设置
5		CMD_LEAD_TYPE	0x81	设置通道 1 或通道 2 的 ECG 导联：Ⅰ、Ⅱ、Ⅲ、AVL、AVR、AVF、V	导联方式设置
6		CMD_FILTER_MODE	0x82	设置通道 1 或通道 2 的 ECG 滤波方式：诊断、监护、手术	心电滤波方式设置
7		CMD_ECG_GAIN	0x83	设置通道 1 或通道 2 的 ECG 增益：×0.25、×0.5、×1、×2	ECG 增益设置
8		CMD_ECG_CAL	0x84	设置 ECG 波形为 1Hz 的校准信号	心电校准
9		CMD_ECG_TRA	0x85	设置 50/60Hz 工频干扰抑制的开关	工频干扰抑制开关
10		CMD_ECG_PACE	0x86	设置起搏分析的开关	起搏分析开关
11		CMD_ECG_ST_ISO	0x87	设置 ST 计算的 ISO 和 ST 点	ST 测量 ISO、ST 点
12		CMD_ECG_CHANNEL	0x88	选择心率计算为通道 1 或通道 2	心率计算通道
13		CMD_ECG_LEADRN	0x89	重新计算心率	心率重新计算
14	0x11	CMD_RESP_GAIN	0x80	设置呼吸增益：×0.25、×0.5、×1、×2、×4	呼吸增益设置
15		CMD_RESP_APNEA	0x81	设置呼吸窒息的报警延迟时间：10～40s	呼吸窒息报警时间设置
16	0x12	CMD_TEMP	0x80	设置体温探头的类型：YSI/CY-F1	TEMP 参数设置
17	0x13	CMD_SPO2	0x80	设置 SPO2 的测量灵敏度	SPO2 参数设置
18	0x14	CMD_NIBP_START	0x80	启动一次血压手动/自动测量	NIBP 启动测量
19		CMD_NIBP_END	0x81	结束当前的测量	NIBP 中止测量
20		CMD_NIBP_PERIOD	0x82	设置血压自动测量的周期	NIBP 测量周期设置
21		CMD_NIBP_CALIB	0x83	血压进入校准状态	NIBP 校准
22		CMD_NIBP_RST	0x84	软件复位血压模块	NIBP 模块复位
23		CMD_NIBP_CHECK_LEAK	0x85	血压气路进行漏气检测	NIBP 漏气检测
24		CMD_NIBP_QUERY_STS	0x86	查询血压模块的状态	NIBP 查询状态
25		CMD_NIBP_FIRST_PRE	0x87	设置下次血压测量的初次充气压力	NIBP 初次充气压力设置
26		CMD_NIBP_CONT	0x88	开始 5min 的 STAT 血压测量	开始 5min 的 STAT 血压测量
27		CMD_NIBP_RSLT	0x89	查询上次血压的测量结果	NIBP 查询上次测量结果

下面按照顺序对主机发送给从机命令包进行详细介绍。

1. 模块复位信息应答命令包（CMD_RST_ACK）

模块复位信息应答命令包是通过主机向从机发送的命令包，从机给主机发送复位信息，主机收到复位信息后就会给从机发送模块复位信息应答命令包。图 B-22 为模块复位信息应答命令包的定义。

模块ID	HEAD	二级ID	DAT1	DAT2	DAT3	DAT4	DAT5	DAT6	CHECK
01H	数据头	80H	保留	保留	保留	保留	保留	保留	校验和

图 B-22　模块复位信息应答命令包的定义

2. 读取自检结果命令包（CMD_GET_POST_RSLT）

读取自检结果命令包是通过主机向从机发送的命令包，从机会返回系统的自检结果数据包，同时从机还应返回命令应答包。图 B-23 为读取自检结果命令包的定义。

模块ID	HEAD	二级ID	DAT1	DAT2	DAT3	DAT4	DAT5	DAT6	CHECK
01H	数据头	81H	保留	保留	保留	保留	保留	保留	校验和

图 B-23　读取自检结果命令包的定义

3. 病人类型设置命令包（CMD_PAT_TYPE）

病人类型设置命令包是通过主机向从机发送的命令包，以达到对病人类型进行设置的目的。图 B-24 为病人类型设置命令包的定义。

模块ID	HEAD	二级ID	DAT1	DAT2	DAT3	DAT4	DAT5	DAT6	CHECK
01H	数据头	90H	病人类型	保留	保留	保留	保留	保留	校验和

图 B-24　病人类型设置命令包的定义

病人类型的定义如表 B-21 所示。注意，复位后，病人类型默认值为成人。

表 B-21　病人类型的定义

位	定义
7:0	病人类型：0-成人；1-儿童；2-新生儿

4. 3/5 导联设置命令包（CMD_LEAD_SYS）

3/5 导联设置命令包是通过主机向从机发送的命令包，以达到对 3/5 导联设置的目的。图 B-25 为心电 3/5 导联设置命令包的定义。

模块ID	HEAD	二级ID	DAT1	DAT2	DAT3	DAT4	DAT5	DAT6	CHECK
10H	数据头	80H	3/5导联设置	保留	保留	保留	保留	保留	校验和

图 B-25　3/5 导联设置命令包的定义

3/5 导联设置的定义如表 B-22 所示。由 3 导联设置为 5 导联时，通道 1 的导联设置为 I 导，通道 2 的导联设置为 II 导。由 5 导联设置为 3 导联时，通道 1 的导联设置为 II 导。复位后的默认值为 5 导联。注意，在 3 导联状态下，ECG 只有通道 1 有波形，通道 2 的波形为默认值 2048。导联设置只能设置通道 1 且只有 I、II、III 这 3 种选择，心率计算通道固定为通道 1。

表 B-22　3/5 导联设置的定义

位	定义
7:0	3/5 导联设置：0-3 导联；1-5 导联

5. 导联方式设置命令包（CMD_LEADTYPE）

导联方式设置命令包是通过主机向从机发送的命令包，以达到对导联方式设置的目的。图 B-26 为导联方式设置命令包的定义。

模块ID	HEAD	二级ID	DAT1	DAT2	DAT3	DAT4	DAT5	DAT6	CHECK
10H	数据头	81H	导联方式	保留	保留	保留	保留	保留	校验和

图 B-26　导联方式设置命令包

导联方式设置的定义如表 B-23 所示。复位后默认设置，通道 1 为 II 导联，通道 2 为 I 导联。注意，3 导联状态下 ECG 只有通道 1 有波形，不能发送通道 2 的导联设置，通道 1 的导联设置只有 I、II、III 这 3 种选择。否则下位机会返回命令错误信息。

表 B-23　导联方式设置的定义

位	定义
7:4	通道选择：0-通道 1；1-通道 2
3:0	导联选择：0-保留；1-I 导联；2-II 导联；3-III 导联； 4-AVR 导联；5-AVL 导联；6-AVF 导联；7-V 导联

6. 心电滤波方式设置命令包（CMD_FILTER_MODE）

心电滤波方式设置命令包是通过主机向从机发送的命令包，以达到对滤波方式进行选择的目的。图 B-27 为心电滤波方式设置命令包的定义。

模块ID	HEAD	二级ID	DAT1	DAT2	DAT3	DAT4	DAT5	DAT6	CHECK
10H	数据头	82H	心电滤波方式	保留	保留	保留	保留	保留	校验和

图 B-27　心电滤波方式设置命令包的定义

心电滤波方式的定义如表 B-24 所示。复位后默认设置为诊断方式。

表 B-24　心电滤波方式的定义

位	定义
7:4	保留
3:0	滤波方式：0-诊断；1-监护；2-手术；3-保留

7. 心电增益设置命令包（CMD_ECG_GAIN）

心电增益设置命令包是通过主机向从机发送的命令包，以达到对心电波形进行幅值调节的目的。图 B-28 为心电增益设置命令包的定义。

模块ID	HEAD	二级ID	DAT1	DAT2	DAT3	DAT4	DAT5	DAT6	CHECK
10H	数据头	83H	心电增益	保留	保留	保留	保留	保留	校验和

图 B-28　心电增益设置命令包的定义

心电增益的定义如表 B-25 所示。注意，复位时，主机向从机发送命令，将通道 1 和通道 2 的增益设置为×1。

表 B-25　心电增益的定义

位	定义
7:4	通道设置：0-通道 1；1-通道 2
3:0	增益设置：0-×0.25；1-×0.5；2-×1；3-×2；4-×4

8. 心电校准命令包（CMD_ECG_CAL）

心电校准命令包是通过主机向从机发送的命令包，以达到对心电波形进行校准的目的。图 B-29 为心电校准命令包的定义。

模块ID	HEAD	二级ID	DAT1	DAT2	DAT3	DAT4	DAT5	DAT6	CHECK
10H	数据头	84H	心电校准	保留	保留	保留	保留	保留	校验和

图 B-29　心电校准命令包的定义

心电校准设置的定义如表 B-26 所示。复位后默认设置为关。从机在收到心电校准命令后会设置心电信号为频率为 1Hz、幅度为 1mV 大小的方波校准信号。

表 B-26　心电校准设置的定义

位	定义
7:0	导联设置：1-开；0-关

9. 工频干扰抑制开关命令包（CMD_ECG_TRA）

工频干扰抑制开关命令包是通过主机向从机发送的命令包，以达到对心电进行校准的目的。图 B-30 为工频干扰抑制开关命令包的定义。

模块ID	HEAD	二级ID	DAT1	DAT2	DAT3	DAT4	DAT5	DAT6	CHECK
10H	数据头	85H	陷波开关	保留	保留	保留	保留	保留	校验和

图 B-30　工频干扰抑制开关命令包的定义

陷波开关的定义如表 B-27 所示，复位后默认设置为关。

表 B-27　陷波开关的定义

位	定义
7:0	陷波开关：1-开；0-关

10. 起搏分析开关设置命令包（CMD_ECG_PACE）

起搏分析开关设置命令包是通过主机向从机发送的命令包，以达到对心电进行起搏分析设置的目的。图 B-31 为起搏分析开关设置命令包的定义。

模块ID	HEAD	二级ID	DAT1	DAT2	DAT3	DAT4	DAT5	DAT6	CHECK
10H	数据头	86H	分析开关	保留	保留	保留	保留	保留	校验和

图 B-31　起搏分析开关设置命令包的定义

起搏分析开关设置的定义如表 B-28 所示，复位后默认值为关。

表 B-28　起搏分析开关设置的定义

位	定义
7:0	导联设置：1-起搏分析开；0-起搏分析关

11. ST 测量的 ISO、ST 点设置命令包（CMD_ECG_ST_ISO）

ST 测量的 ISO、ST 点设置命令包是通过主机向从机发送命令包，以改变等电位点和 ST 测量点相对于 R 波顶点的位置。图 B-32 为 ST 测量的 ISO、ST 点设置命令包的定义。

模块ID	HEAD	二级ID	DAT1	DAT2	DAT3	DAT4	DAT5	DAT6	CHECK
10H	数据头	87H	ISO点高字节	ISO点低字节	ST点高字节	ST点低字节	保留	保留	校验和

图 B-32　ST 测量的 ISO、ST 点设置命令包的定义

ISO 点偏移量即等电位点相对于 R 波顶点的位置，单位为 4ms；ST 点偏移量即 ST 测量点相对于 R 波顶点的位置，单位为 4ms。复位后，ISO 点偏移量默认设置为 $20 \times 4 = 80ms$，ST 点偏移量默认设置为 $27 \times 4 = 108ms$。

12. 心率计算通道设置命令包（CMD_ECG_CHANNEL）

心率计算通道设置命令包是通过主机向从机发送的命令包，以达到选择心率计算通道的目的。图 B-33 为心率计算通道设置命令包的定义。

模块ID	HEAD	二级ID	DAT1	DAT2	DAT3	DAT4	DAT5	DAT6	CHECK
10H	数据头	88H	心率计算通道	保留	保留	保留	保留	保留	校验和

图 B-33　心率计算通道设置命令包的定义

心率计算通道的定义如表 B-29 所示，复位后默认值为通道 1。

表 B-29　心率计算通道的定义

位	定义
7:0	导联设置：0-通道 1；1-通道 2；2-自动选择

13. 心率重新计算命令包（CMD_ECG_LEARN）

心率重新计算命令包是通过主机向从机发送的命令包，以达到心率重新计算的目的。图 B-34 为心率重新计算命令包的定义。

模块ID	HEAD	二级ID	DAT1	DAT2	DAT3	DAT4	DAT5	DAT6	CHECK
10H	数据头	89H	保留	保留	保留	保留	保留	保留	校验和

图 B-34　心率重新计算命令包的定义

14. 呼吸增益设置命令包（CMD_RESP_GAIN）

呼吸增益设置命令包是通过主机向从机发送的命令包，以达到对呼吸波形进行幅值调节的目的。图 B-35 为呼吸增益设置命令包的定义。

模块ID	HEAD	二级ID	DAT1	DAT2	DAT3	DAT4	DAT5	DAT6	CHECK
11H	数据头	80H	呼吸增益	保留	保留	保留	保留	保留	校验和

图 B-35　呼吸增益设置命令包的定义

呼吸增益设置的定义如表 B-30 所示，复位时，主机向从机发送命令，将呼吸增益设置为×1。

表 B-30　呼吸增益设置的定义

位	定义
7:0	呼吸增益设置：0-×0.25；1-×0.5；2-×1；3-×2；4-×4

15. 窒息报警时间设置命令包（CMD_RESP_APNEA）

窒息报警时间设置命令包是通过主机向从机发送的命令包，以达到对窒息报警时间进行设置的目的。图 B-36 为窒息报警时间设置命令包的定义。

模块ID	HEAD	二级ID	DAT1	DAT2	DAT3	DAT4	DAT5	DAT6	CHECK
11H	数据头	81H	窒息报警时间	保留	保留	保留	保留	保留	校验和

图 B-36　窒息报警时间设置命令包的定义

窒息报警延迟时间设置的定义如表 B-31 所示，复位后窒息报警延迟时间默认设置为20s。

表 B-31　窒息报警延迟时间设置的定义

位	定义
7:0	窒息报警延迟时间设置： 0-不报警；1-10s；2-15s；3-20s；4-25s；5-30s；6-35s；7-40s

16. 体温参数设置命令包（CMD_TEMP）

体温参数设置命令包是通过主机向从机发送的命令包，以达到对体温模块进行参数设置的目的。图 B-37 为体温参数设置命令包的定义。

模块ID	HEAD	二级ID	DAT1	DAT2	DAT3	DAT4	DAT5	DAT6	CHECK
12H	数据头	80H	探头类型	保留	保留	保留	保留	保留	校验和

图 B-37　体温参数设置命令包的定义

探头类型的定义如表 B-32 所示，复位时，主机向从机发送命令，将体温探头类型设置为 YSI 探头类型。

表 B-32　探头类型的定义

位	定义
7:0	探头类型：0-YSI 探头；1-CY 探头

17. 血氧参数设置命令包（CMD_SPO2）

血氧参数设置命令包是通过主机向从机发送的命令包，以达到对血氧模块进行参数设置的目的。图 B-38 为血氧参数设置命令包的定义。

模块ID	HEAD	二级ID	DAT1	DAT2	DAT3	DAT4	DAT5	DAT6	CHECK
13H	数据头	80H	计算灵敏度	保留	保留	保留	保留	保留	校验和

图 B-38　血氧参数设置命令包的定义

计算灵敏度的定义如表 B-33 所示，复位时，主机向从机发送命令，将计算灵敏度设置为中灵敏度。

表 B-33　计算灵敏度的定义

位	定义
7:0	计算灵敏度：1-高；2-中；3-低

18. 无创血压启动测量命令包（CMD_NIBP_START）

无创血压启动测量命令包是通过主机向从机发送的命令包，以达到启动一次无创血压测量的目的。图 B-39 为无创血压启动测量命令包的定义。

模块ID	HEAD	二级ID	DAT1	DAT2	DAT3	DAT4	DAT5	DAT6	CHECK
14H	数据头	80H	保留	保留	保留	保留	保留	保留	校验和

图 B-39　无创血压启动测量命令包的定义

19. 无创血压中止测量命令包（CMD_NIBP_END）

无创血压中止测量命令包是通过主机向从机发送的命令包，以达到中止无创血压测量的目的。图 B-40 为无创血压中止测量命令包的定义。

模块ID	HEAD	二级ID	DAT1	DAT2	DAT3	DAT4	DAT5	DAT6	CHECK
14H	数据头	81H	保留	保留	保留	保留	保留	保留	校验和

图 B-40　无创血压中止测量命令包的定义

20. 无创血压测量周期设置命令包（CMD_NIBP_PERIOD）

无创血压测量周期设置命令包是通过主机向从机发送的命令包，以达到设置自动测量周期的目的。图 B-41 为无创血压测量周期设置命令包的定义。

模块ID	HEAD	二级ID	DAT1	DAT2	DAT3	DAT4	DAT5	DAT6	CHECK
14H	数据头	82H	测量周期	保留	保留	保留	保留	保留	校验和

图 B-41　无创血压测量周期设置命令包的定义

测量周期的定义如表 B-34 所示，复位后，默认值为手动方式。

表 B-34　测量周期的定义

位	定义
7:0	0-设置为手动方式 1-设置自动测量周期为 1min 2-设置自动测量周期为 2min 3-设置自动测量周期为 3min

位	定义
7:0	4-设置自动测量周期为 4min 5-设置自动测量周期为 5min 6-设置自动测量周期为 10min 7-设置自动测量周期为 15min 8-设置自动测量周期为 30min 9-设置自动测量周期为 60min 10-设置自动测量周期为 90min 11-设置自动测量周期为 120min 12-设置自动测量周期为 180min 13-设置自动测量周期为 240min 14-设置自动测量周期为 480min

21. 无创血压校准命令包（CMD_NIBP_CALIB）

无创血压校准命令包是通过主机向从机发送的命令包，以达到启动一次校准的目的。图 B-42 为无创血压校准命令包的定义。

模块ID	HEAD	二级ID	DAT1	DAT2	DAT3	DAT4	DAT5	DAT6	CHECK
14H	数据头	83H	保留	保留	保留	保留	保留	保留	校验和

图 B-42　无创血压校准命令包的定义

22. 无创血压模块复位命令包（CMD_NIBP_RST）

无创血压模块复位命令包是通过主机向从机发送的命令包，以达到模块复位的目的。无创血压模块复位主要执行打开阀门、停止充气、回到手动测量方式操作。图 B-43 为无创血压模块复位命令包的定义。

模块ID	HEAD	二级ID	DAT1	DAT2	DAT3	DAT4	DAT5	DAT6	CHECK
14H	数据头	84H	保留	保留	保留	保留	保留	保留	校验和

图 B-43　无创血压模块复位命令包的定义

23. 无创血压漏气检测命令包（CMD_NIBP_CHECK_LEAK）

无创血压漏气检测命令包是通过主机向从机发送的命令包，以达到启动漏气检测的目的。图 B-44 为无创血压漏气检测命令包的定义。

模块ID	HEAD	二级ID	DAT1	DAT2	DAT3	DAT4	DAT5	DAT6	CHECK
14H	数据头	85H	保留	保留	保留	保留	保留	保留	校验和

图 B-44　无创血压漏气检测命令包的定义

24. 无创血压查询状态命令包（CMD_NIBP_QUERY）

无创血压查询状态命令包是通过主机向从机发送的命令包，以达到查询无创血压状态的目的。图 B-45 为无创血压查询状态命令包的定义。

模块ID	HEAD	二级ID	DAT1	DAT2	DAT3	DAT4	DAT5	DAT6	CHECK
14H	数据头	86H	保留	保留	保留	保留	保留	保留	校验和

图 B-45 无创血压查询状态命令包的定义

25. 无创血压初次充气压力设置命令包（CMD_NIBP_FIRST_PRE）

无创血压初次充气压力设置命令包是通过主机向从机发送的命令包，以达到设置初次充气压力的目的。图 B-46 为无创血压初次充气压力设置命令包的定义。

模块ID	HEAD	二级ID	DAT1	DAT2	DAT3	DAT4	DAT5	DAT6	CHECK
14H	数据头	87H	病人类型	压力值	保留	保留	保留	保留	校验和

图 B-46 无创血压初次充气压力设置命令包的定义

病人类型的定义如表 B-35 所示，初次充气压力的定义如表 B-36 所示。成人模式的压力范围为 80～240mmHg，儿童模式的压力范围为 80～200mmHg，新生儿模式的压力范围为 60～120mmHg。该命令包只有在相应的测量对象模式时才有效。当切换病人模式时，初次充气压力会设为各模式的默认值，即成人模式初次充气的压力的默认值为 160mmHg，儿童模式初次充气的压力的默认值为 120mmHg，新生儿模式初次充气的压力的默认值 70mmHg 。另外，系统复位后的默认设置为成人模式，初次充气压力为 160mmHg。

表 B-35 病人类型的定义

位	定义
7:0	病人类型：0-成人；1-儿童；2-新生儿

表 B-36 初次充气压力的定义

位	定义
7:0	新生儿模式下，压力范围：60～120mmHg 儿童模式下，压力范围：80～200mmHg 成人模式下，压力范围：80～240mmHg 60-设置初次充气压力为 60mmHg 70-设置初次充气压力为 70mmHg 80-设置初次充气压力为 80mmHg 100-设置初次充气压力为 100mmHg 120-设置初次充气压力为 120mmHg 140-设置初次充气压力为 140mmHg 150-设置初次充气压力为 150mmHg 160-设置初次充气压力为 160mmHg 180-设置初次充气压力为 180mmHg 200-设置初次充气压力为 200mmHg 220-设置初次充气压力为 220mmHg 240-设置初次充气压力为 240mmHg

26. 无创血压启动 STAT 测量命令包（CMD_NIBP_CONT）

无创血压启动 STAT 测量命令包是通过主机向从机发送的命令包，以达到启动 STAT 测量的目的。图 B-47 为无创血压启动 STAT 测量命令包的定义。

模块ID	HEAD	二级ID	DAT1	DAT2	DAT3	DAT4	DAT5	DAT6	CHECK
14H	数据头	88H	保留	保留	保留	保留	保留	保留	校验和

图 B-47　无创血压启动 STAT 测量命令包的定义

27. 无创血压查询测量结果命令包（CMD_NIBP_RSLT）

无创血压查询测量结果命令包是通过主机向从机发送的命令包，以达到查询测量结果的目的。图 B-48 为无创血压查询测量结果命令包的定义。

模块ID	HEAD	二级ID	DAT1	DAT2	DAT3	DAT4	DAT5	DAT6	CHECK
14H	数据头	89H	保留	保留	保留	保留	保留	保留	校验和

图 B-48　无创血压查询测量结果命令包的定义

参 考 文 献

[1] 王维波，栗宝鹃，张晓东. Python Qt GUI 与数据可视化编程. 北京：人民邮电出版社，2019.

[2] 明日科技. Python GUI 设计 PyQt5 从入门到实践. 吉林：吉林大学出版社，2020.

[3] 白振勇. Qt 5/PyQt5 实战指南：手把手教你掌握 100 个精彩案例. 北京：清华大学出版社，2020.

[4] 王硕. PyQt5 快速开发与实战. 北京：电子工业出版社，2020.

[5] 朱文伟. PyQt5 从入门到精通. 北京：清华大学出版社，2023.

[6] 任路顺. PyQt 编程快速上手 Python GUI 开发从入门到实践. 北京：人民邮电出版社，2023.

[7] 明日科技. Python PyQt 编程超级魔卡. 北京：电子工业出版社，2021.

反侵权盗版声明

电子工业出版社依法对本作品享有专有出版权。任何未经权利人书面许可，复制、销售或通过信息网络传播本作品的行为，歪曲、篡改、剽窃本作品的行为，均违反《中华人民共和国著作权法》，其行为人应承担相应的民事责任和行政责任，构成犯罪的，将被依法追究刑事责任。

为了维护市场秩序，保护权利人的合法权益，我社将依法查处和打击侵权盗版的单位和个人。欢迎社会各界人士积极举报侵权盗版行为，本社将奖励举报有功人员，并保证举报人的信息不被泄露。

举报电话：（010）88254396；（010）88258888

传　　真：（010）88254397

E-mail：　　dbqq@phei.com.cn

通信地址：北京市海淀区万寿路 173 信箱
　　　　　　电子工业出版社总编办公室

邮　　编：100036